水环境评价与保护

贾 屏 杨文海 编著

黄 河 水 利 出 版 社

· 郑 州 ·

内 容 提 要

本书共分 9 章,主要包括绪论、水体污染与污染源、水质模型与水环境容量、水环境监测、水质评价、水环境影响评价、水环境保护、水资源保护有关法规介绍、水环境信息系统等内容,并在书后附有水功能区纳污能力及综合衰减系数计算方法。

本书可作为高等学校水利、环境、市政等专业学生的教材和主要参考书,也可供相关专业的科技和工程技术人员参考使用。

图书在版编目(CIP)数据

水环境评价与保护/贾屏,杨文海编著. —郑州:黄河水利出版社,2012.8

ISBN 978 - 7 - 5509 - 0328 - 9

Ⅰ.①水… Ⅱ.①贾…②杨… Ⅲ.①水环境质量评价 ②水环境 - 环境保护 Ⅳ.①X824 ②TV213.4

中国版本图书馆 CIP 数据核字(2012)第 192257 号

出 版 社:黄河水利出版社　　　　　　　网址:www.yrcp.com
地址:河南省郑州市顺河路黄委会综合楼 14 层　邮政编码:450003
发行单位:黄河水利出版社
　　　　发行部电话:0371 - 66026940、66020550、66028024、66022620(传真)
　　　　E-mail:hhslcbs@126.com
承印单位:河南省瑞光印务股份有限公司
开本:850 mm×1 168 mm　1/32
印张:6.25
字数:170 千字　　　　　　　　　　　　印数:1—1 000
版次:2012 年 8 月第 1 版　　　　　　　　印次:2012 年 8 月第 1 次印刷

定价:20.00 元

前　言

　　水环境是构成环境的基本要素之一,是人类社会赖以生存和发展的重要场所。近年来,随着生产发展和人口增长,天然水体污染加剧,水资源供需矛盾日益尖锐。为了确保用水安全,预测、评价相应的水环境质量状况,进行水环境保护规划,已成为工程规划设计管理和控制水污染的一项必不可少的内容,这对于保障经济社会的可持续发展具有非常重要的意义和作用。

　　本书以水环境系统为研究对象,以可持续发展为基本思想,系统介绍了水环境评价和水环境保护的基本理论与方法,把理论知识和水环境评价与保护问题紧密结合起来。本书力求通俗易懂,简明实用,条理清楚,语言精练,全书共分9章,第1、2、3章为基本理论部分,分别介绍了天然水体的基本特征、水体污染与污染源、水质模型与水环境容量等内容。第4章主要介绍了水质监测的基本方法以及我国常用的一些水环境标准、表征水污染的水质指标等内容。第5、6章为水环境评价和水环境影响评价,详细地讲解了各种类型的水质评价以及水环境影响评价的基本流程和方法。第7、8、9章讲述了水环境保护的一些知识,主要从水功能区划、水环境保护措施、水资源保护有关法规和较先进的水环境信息系统等方面介绍了如何对水环境进行保护。

　　本书突出内容简单实用,把理论知识与水环境评价和水环境保护问题紧密结合起来,以使读者获得分析问题和解决问题的能力,增强水环境保护的意识与素质,为解决水环境问题提供参考。

　　本书可作为高等学校水利、环境、市政等专业学生的教材和主要参考书,也可供相关专业的科技和工程技术人员参考使用。

　　本书的编写人员及编写分工如下:贾屏(第1、2、5、7、8章),杨文海(第3、4、6、9章)。

　　本书编写过程中参考和引用了许多学者的文献资料,在此表示衷心的感谢。

　　由于编者水平有限,书中难免存在不足及疏漏之处,敬请广大读者批评指正。

编　者
2012 年 5 月

目　录

第1章 绪 论

1.1 总 述

　　水是自然资源的重要组成部分,是所有生物的结构组成和生命活动的主要物质基础。从全球范围来讲,水是连接所有生态系统的纽带,自然生态系统既能控制水的流动,又能不断促使水的净化和循环。因此,水在自然环境中,对于生物和人类的生存来说具有决定性的意义。同时,水是人类不可缺少的非常宝贵的自然资源,是工农业生产、经济发展和环境改善不可替代的极为宝贵的自然资源,它对人类社会的发展起着重要作用。

　　水是自然界的重要组成物质,是环境中最活跃的要素。它不停地运动且积极地参与自然环境中一系列物理的、化学的和生物的过程。水资源与其他固体资源的本质区别在于它具有流动性,是在水循环中形成的一种动态资源,具有循环性。水循环系统是一个庞大的自然水资源系统,水资源在开采利用后,能够得到大气降水的补给,处在不断地开采、补给和消耗、恢复的循环之中,可以不断地供给人类利用和满足生态平衡的需要。在不断的消耗和补充过程中,在某种意义上水资源具有"取之不尽"的特点,恢复性强。但实际上全球淡水资源的蓄存量是十分有限的,全球的淡水资源仅占全球总水量的2.5%,且淡水资源的大部分储存在极地冰帽和冰川中,真正能够被人类直接利用的淡水资源仅占全球总水量的0.796%。从水量动态平衡的观点来看,某一期间的水量消耗量接近于该期间的水量补给量,否则将会破坏水平衡,造成一系列不良的环境问题。可见,水循环过程是无限的,水资源的蓄存量则是有限的,并非用之不尽,取之不竭。

水和水体是两个不同的概念。纯净的水是由 H_2O 分子组成的,而水体则含有多种物质,其中包括悬浮物、水生生物及基底等。水体实际上是指地表被水覆盖地段的自然综合体,包括河流、湖泊、沼泽、水库、冰川、地下水和海洋等。水资源与人类的关系非常密切,人类把水作为维持生活的源泉,人类在历史发展中总是向有水的地方集聚,并开展经济活动。随着社会的发展、技术的进步,人类对水的依赖程度越来越大。

1.2 天然水体的特性

1.2.1 化学特性

水是一种良好的溶剂,能溶解与之接触的气体、液体和固体物质,任何地方的水都来源于降水、地表径流和地下水,都不是化学上的纯水。

天然水中的各种物质、离子之间还会发生许多物理、化学作用,诸如物质溶解与析出、化合与分解、氧化与还原、凝聚与胶溶、吸附与解析、气体溶入与逸出等,随时都在改变着水中物质组成及其含量,再加上水生生物的吸收、分解与排泄等生物作用,水中物质组成更加复杂与丰富。

1.2.2 生物学特性

水中所有生物依其生态功能可分为三大类:①生产者;②消费者;③分解者。

1.2.2.1 生产者

(1)水生高等植物:包括①沉水植物,整个植物体完全沉没在水下,如金鱼藻等;②浮水植物,浮在水面,可分为浮叶植物(根扎入水体底泥中,只有叶片浮于水面,如菱等)和漂浮植物(全株浮于水面,如浮萍、风叶莲、水葫芦等）；③挺水植物,茎叶大部分直立水面,如芦苇等。

（2）藻类：主要有浮游藻类和固着藻类两大类,如硅藻、绿藻、蓝藻、甲藻、金藻、黄藻等。

上述生产者的共同特点就是含有叶绿素。每年在春、秋两季出现藻类生长繁殖高峰,如果水体营养物质很丰富(含大量氮、磷),往往在水中大量繁殖,形成"水华",对其他水生生物造成危害。

1.2.2.2　消费者

水中消费者指水生动物,包括：

（1）浮游动物：原生动物、轮虫类,枝角类,桡足类。

（2）底栖动物：生活在水体底部的各种动物的总称。

（3）游泳动物：主要指各种鱼类。

1.2.2.3　分解者

分解者主要指细菌、真菌、病毒三类的微生物以及部分原生动物,这类生物的特点是身体结构简单、形体微小、生长繁殖快、种类和数量多,分布广,其主要功能是分解所有水生动、植物残骸及其排泄物,使之转化为可供生产者重新利用的形态。

1.2.2.4　初级生产和次级生产

初级生产者：生产者在阳光作用下进行光合作用,以无机物碳水化合物、氮、磷等为原料,生成有机物,这个生产者就指初级生产者,其生产过程可用下述化学反应简式表示：

$$6CO_2 + 6H_2O \xrightarrow[\text{叶绿素}]{673 \text{ kcal}} C_6H_{12}O_6(碳水化合物葡萄糖) + 6O_2\uparrow$$

次级生产过程：是指消费者和分解者利用初级生产者的初级生产物的同化过程。它表现为动物和微生物的生长、繁殖和营养物质的贮存。

次级生产量：在单位时间内由于动物和微生物的生产与繁殖而增加的生物量或所贮存的能量即次级生产量。

1.2.2.5　初级生产力

光合作用积累太阳能进入生态系统的初级能量称为初级生产,

初级生产积累能量的速率称为初级生产力。

初级生产力的计算方法如下:

一般是根据产氧量来进行计算的,光合作用大,产氧量大;光合作用小,产氧量小。具体为:白瓶和黑瓶,测 24 h 后的溶氧量;初始瓶,测当时的溶氧量。

(1)水层日产量的计算(mgO$_2$/L)。

净生产力 = 白瓶溶解氧量 - 初始瓶溶解氧量

呼吸作用量 = 初始瓶溶解氧量 - 黑瓶溶解氧量

毛生产量 = 白瓶溶解氧量 - 黑瓶溶解氧量

1992 年 8 月 1~2 日在无锡马山地区所做的光合作用试验及计算结果见表 1-1。

表 1-1   光合作用试验及计算结果

水深	初始瓶	24 h 后黑瓶（mg/L）	24 h 后白瓶（mg/L）	光合作用产氧（毛生产量）	呼吸作用耗氧	净产氧量
0.2	5.34	4.87	8.83	3.96	0.47	3.49
0.5	5.20	4.67	7.98	3.31	0.53	2.78
1.0	5.39	4.59	5.98	1.39	0.80	0.59

(2)水柱日产量计算:是指面积为 1 m^2,从水表面到水底的整个柱形水体的日生产量,可用算术平均值累积法计算。

1.2.3   沉积物特性

水流在流动中,一部分物质在沿途沉降下来,堆积在水的底部。天然水体沉积物来源于流域范围内的岩石风化产物、地表径流挟带的泥沙、黏土颗粒以及生物的残骸。流速大,这些物质悬浮在水中;流速小,这些物质沉积在水底。

研究沉积物可以了解当前水体水质状况,追溯水体污染历史,预测水体水质变化趋势。

沉积物中的某些成分,由于水体物化条件的变化,可以重新释放或者成为次生污染源。

1.3 水体中物质的循环

1.3.1 有机物分解

在富氧水体中,很多有机物被多种多样的细菌和真菌通过呼吸作用而分解,分解程度取决于水中理化条件及有机物本身的组成。也有相当一部分有机物来不及分解而沉积水底。在厌氧条件下,沉淀到水底的有机质分解速度较慢,程度较不完全。有些有机质(木质素)在微生物作用下形成一种特殊的有机物质,通常称为腐殖质。由于水体的运动或机械扰动,腐殖质可再次进入水体,矿化释放出营养元素,归还到环境,从而完成有机物的矿化作用。

1.3.2 水体中氧的来源与消耗

(1)水中氧的来源有两个:①大气中的氧源源不断地溶解于水,并与水处于动态平衡;②水生植物(藻类和水生高等植物)的光合作用释放的氧。

(2)水中氧的消耗主要有3个途径:①水生动、植物的呼吸作用;②水生微生物的呼吸作用;③水中微生物参与下的有机物生物化学降解过程。

1.3.3 氮循环

水体中氮的主要来源有两个:①地表径流和农田排水中挟带大量的无机氮与有机氮物质;②水体中某些生物的固氮作用。

水体中氮的消耗有下述4个途径:①随水流出;②沉积于水底;③由于水中存在反硝化作用而逸出;④水生动、植物以水产品形式被人类或动物捕捞而脱离水体。

水体中各种含氮物质之间的转化是通过下述几种反应和在特定的生物参与下完成的。

（1）氨化作用（有机氮转化为氨氮（NH_3—N）。水体中各种蛋白质化合物在好气性和嫌气性条件下,被腐生性的各种氨化细菌分解,首先产生氨。

（2）硝化作物（氨氮转化为硝酸盐氮 NO_3—N),氨氮在水中不稳定,除被生物吸收同化外,其余在溶解氧充足的条件下,被各种硝化细菌氧化为硝酸盐氮,其过程如下：

$$氮（NH_4^+）\rightarrow 亚硝酸盐（NO_2^-）\rightarrow 硝酸盐（NO_3^-）$$

（3）反硝化作用（硝酸盐氮转化为气态氮 N_2 和 N_2O)。硝酸盐在厌氧条件下,逐渐被各种反硝化细菌（主要为异养性细菌）作用,还原硝酸盐氮为气态氮或一氧化二氮,使水体失去氮素。

（4）无机氮的同化作用。藻类对水中的几种无机态氮都能利用,在光合过程以及随后的同化过程中,逐渐形成各种含氮有机物。

1.3.4 磷循环

水体中磷的主要来源为径流流入。

水体中磷的消耗有以下 3 种途径:①径流流出;②沉积;③以水产品形式被人捕捞。

磷在水中的存在形式有溶解性无机磷、溶解性有机磷和悬浮性颗粒磷。

水体中的各种磷化合物主要通过有机磷矿化、无机磷同化和不溶性无机磷有效化三个途径进行循环。

（1）有机磷的矿化作用。

有机物中的磷,在其生物降解过程中,生成无机磷和磷化物,许多细菌和真菌都参与这个矿化过程。

（2）无机磷的同化作用。

水中溶解性无机磷首先为上层水中的浮游植物所吸收,转化为有机磷。其中一部分用于本身生长的需要,大部分（95%以上）积累在细胞中以备磷源不足时使用。

（3）不溶性无机磷转化为可溶性磷。

沉积物中不溶性无机磷不能为水中生产者所利用,当水中 pH 值向酸性转变时,可使沉积物中的不溶性无机磷成为可溶性磷。

（4）细菌从水中吸收磷,主要是有机磷。

水生高等植物能从沉积物中大量吸收无机磷,经代谢转变成有机磷化合物。

1.4　不同水体环境条件

根据水流速度,水体环境可分为流动水体(如河流)和静水水体(如湖泊、水库、池、沼等)。

1.4.1　河流

1.4.1.1　特点

河流的特点如下:

（1）与其他天然水体比较,河水的矿化度较低。

（2）由于季节、水文和气象等因素的影响,河水的化学成分变化剧烈。

（3）河水的溶解性气体富裕,而且表层水与底层水的溶气量几乎没有什么差别。

（4）河水的表层水与底层水的温度也比较一致,不存在分层现象。

（5）河流的有机物质基本上来自陆地和邻近的静水水体,河水的初级生产力比较低。

1.4.1.2　河流与水污染的关系

（1）流速:流速慢,某些污染物易于沉淀,延长了污染物降解作用时间,稀释扩散能力减慢;流速快,稀释扩散能力强,搅拌河底淤泥,沉淀作用小。

（2）宽窄：当河流较窄时，污染物排出不远后横向易安全混合；当河流较宽时，污染物排出后横向不易完全混合。

（3）水深：当河流水深较浅时，污染物纵向易混合。

（4）底质：若河底淤积污染物质，在水流的冲刷下会再次溶出，造成二次污染。

1.4.2　湖泊

（1）矿化度较高。这是由于湖水停留时间长，蒸发量大，一些矿物盐分浓度提高，甚至发生盐类结晶沉淀，这个现象在干旱地区的湖泊中常可见到。

（2）湖泊中温度、溶解性气体和营养盐类等空间分布的特点引起湖水分层现象。

在温带地区湖泊中，夏季湖表层水体升温，表层以下出现温度随深度依次下降的正分层现象，分为湖上层、温跃层和湖下层，其中只有温跃层具有温度随深度急剧下降的特点。在冬季，湖水的温度有随深度依次上升的逆分层现象。随湖水热分层的季节性变化，湖中的溶解性气体和营养盐类的分层亦有明显的季节性变化。而深水区的底层经常处于厌氧状态。

（3）湖泊按水中营养盐分（主要氮、磷）的多少划分为贫营养湖泊、中营养湖泊和富营养湖泊等。一般来说，贫营养湖泊的初级生产力比河流高；中营养湖泊的初级生产力和次级生产力都比河流高；富营养湖泊的初级生产力过剩，造成水体极度缺氧，对其他生物不利，使次级生产力极低。

（4）湖泊主要生产区是岸边浅水带和湖面透光层，湖泊演变途径是贫营养湖泊→中营养湖泊→富营养湖泊→沼泽。

1.4.3　水库

水库是个半河、半湖的人工水体，其特点如下：

（1）水位不稳定、浑浊度大，以致生产力往往低于天然湖泊。

（2）库水交换频率高于湖水,使水质状况接近河水。

（3）淹没区的植被沉入湖底,腐败分解,土壤的浸渍作用和岩石溶蚀作用使库水的矿化度、溶解气体和营养物质逐渐接近湖水。

第2章 水体污染与污染源

2.1 水体污染的概念

人类直接或间接地把物质或能量引入河流、湖泊、水库、海岸与水域,因而污染水体和底泥,使其物理化学性质、生物组成及底泥情况恶化,降低了水体的使用价值,这一过程称为水体污染。

2.2 污染源分类

2.2.1 分类

凡排出或释放的污染物能引起水污染的来源和场所称为水体污染源。污染源可按下述原则分类:

(1)按污染物的成因,可将污染源分为自然污染源和人为污染源。后者产生污染的频率高、数量大、种类多、危害深,是造成污染的主要原因。

(2)按排放污染物的性质,可分成物理污染源(如热能、放射性物质等)、化学污染源和生物污染源(如细菌病毒、寄生虫等)。化学污染源排放的污染物种类多,范围广,许多已构成人类和生物界严重的威胁。

(3)按产生污染物的行业性质,可分成工业污染源、农业污染源、生活污水污染源和交通运输污染源等。工业污染源是造成目前我国水污染的最主要污染源,因为其污染物种类繁多、数量大、毒性差异大、处理困难。

(4)按污染源的时空分布特征,可分为连续排放源、间接排放源和瞬时排放源等,以及点污染源和非点污染源。

此外,还可以根据污染源是否移动,分为固定污染源和移动污染源;按受纳水体类型,分为降水的污染源、地表水的污染源和地下水的污染源等。

2.2.2 非点污染源

没有确定空间位置的污染源称为非点污染源(面源)。它们分散、范围大,难以监测和控制,又不能用排放标准来衡量。

在水污染中,点污染源污染与非点污染源污染的差别在于:①非点污染源的数量随时间变化可达几个数量级,而点污染源的变化很小;②非点污染源在暴雨或暴雨后对水质的影响最大,而点污染源却在水体流量较小时影响大;③一般说来,最经济、最有效的控制非点污染源的方法是良好的土地经营管理技术、未开发地区的自然保护以及控制城市的建筑群等。

随着对点污染源的控制和治理,非点污染源的污染问题将日益突出。如美国非点污染源造成的水质问题占全部水质问题的一半以上,每年排入江河的泥沙一半来自农田,还有80%氮和90%的磷是随土壤进入水体的。因此,在考虑水体污染源时,非点污染源是一个不容忽视的问题。

2.3 污染源的调查与评价

2.3.1 污染源的调查

为准确地掌握污染源排放的废、污水量及其中所含污染物的特性,找出其时空变化规律,需要对污染源进行调查。污染源调查的内容包括:污染源所在地周围环境状况,单位生产、生活活动与污染源排污量的关系,污染治理情况,废、污水量及其所含污染物量,排放方式与去向,纳污水体的水文水质状况及其功能,污染危害及今后发展趋势等。

污染源调查可以采用调查表格普查、现场调查、经验估算和物料衡算等方法。

2.3.2 污染源的评价

污染源的评价是将调查所得到的大量数据进行处理,以确定各行业、各地区或各流域中的主要污染物和主要污染源。评价过程的实质就是将污染源调查的数据进行"标准化"处理,将其转换成相互可比较的量,据此确定污染源和污染物的相对重要性。

2.3.2.1 排污量法

简单地统计各污染源的排污量,而后以最大排污量居首,由大到小,依次排列。

评价中所用的排污量,可以使用废水量,也可以使用污染物总量。早期多使用废水量作为排污量指标,现多使用污染物总量作为排污量指标。

采用这种方法的最大优点是简便。当采用废水量为排污量指标时,其缺点是未考虑废水中污染物的浓度,因为即使同量的废水,其中所含污染物量也许相差极大。选用污染物量作为排污量指标便可克服这一缺点。然而,这一方法仍不能克服不同浓度或量的污染物所引起污染毒害的程度。

尽管排污量法简单、粗糙,但正由于其简单易行,至今仍然在不少场合下使用。如在评价一个流域中甚至全国各城市污染状况时,还常常使用这一方法。至今,还见有某城市污水排放量为多少吨,某流域中某几个城市废、污水排放量顺序及其占全流域之比例,以及全国各流域废、污水排放量等一些报道。

2.3.2.2 污径比法

污径比法基于比较污染源所排放的废、污水流量与纳污水体径流量之比。其优点是考虑了纳污水体流量大小不同这一特点。排污量相同的污染源,在排入流量大的水体的重要性显然要小于流量小的纳污水体。如同样规模的企业,直接排入大江、大河和直接排入小溪所引起的环境效应是完全不同的。但是,这一方法也有其固有的弱点:其一,只考虑了纳污水体的流量,而未考虑纳污水体的本底水质。较大污染源排入十分清洁的水体与较小污染源排入已污染水体的情况无法区别。其二,未考虑废、污水的浓度及污染物质类别不同而引起环境效应的差异。如排污体积虽相同,但有的所含污染物浓度很高,有的可能很低;有的毒性不强且易为降解,有的毒性很强且不易降解。所有这些均无法反映出来。

污径比法仍被采用,以比较污染源排污情况在当地环境问题中的重要程度,也同时被用来度量纳污水体的污染程度。实际上,当纳污水体流量相近时,所比较的就是排污量,即成为前文所述的排污量法。

2.3.2.3 超标法

在环境管理中,往往要求对污染源实行限期治理,使其达到规定的排放标准,以保证环境质量。为此,常常根据污染源是否达到排放标准进行评价与统计。

在这一方法中,常使用工业废水排放标准或行业的废水排放标准来度量废水是否超标。所排污物中有一项超标即列为超标排放污染源,超标排放污染源占调查区域中污染源的总数便是污染源超标排放率。

由于制定废水排放标准时,已考虑了污染物的毒性,所以这一方法已含有其对环境污染的危害程度。

2.3.2.4 等标污染负荷与等标污染负荷比

等标污染负荷是以污染物排放标准作为评价标准,对各种污染物进行标准化处理,求出各种污染物的等标污染负荷,并通过求和得到某个污染源(工厂)、某个地区和全区域的等标污染负荷。

(1)某污染物的等标污染负荷 P_i 定义为:

$$P_i = \frac{C_i}{C_{0i}}Q_i \qquad\qquad (2-1)$$

式中:P_i 为某污染物的等标污染负荷,t/d 或 t/年;C_i 为某污染物的实测浓度,mg/L;C_{0i} 为某污染物的排放标准,mg/L;Q_i 为含某污染物的废水排放量,t/d 或 t/年。

(2)各污染物的综合等标污染负荷 P_n,是所排入的若干种污染物的等标污染负荷之和,即

$$P_n = \sum_{i=1}^{n} P_i = \sum_{i=1}^{n} \frac{C_i}{C_{0i}}Q_i \quad (i = 1,2,3,\cdots,n) \qquad (2-2)$$

(3)某个流域(或区域)的等标污染负荷 P_m,是其中若干(m 个)工厂(污染源)的综合等标污染负荷之和,即

$$P_m = \sum_{j=1}^{m} P_{nj} \qquad\qquad (2-3)$$

根据各类等标污染负荷值,即可相应计算出某流域(或区域)、某工厂、某污染物的污染负荷比。对污染负荷比进行分析、比较,就可确定出主要污染源与主要污染物。

某污染物的等标污染负荷 P_i,占综合等标污染负荷 P_n 的百分比,称为等标污染负荷比 K_i,计算公式为:

$$K_i = \frac{P_i}{P_n} \qquad\qquad (2-4)$$

某流域内工厂污染负荷比用 K_n 表示:

$$K_n = \frac{P_n}{P_m} \qquad\qquad (2-5)$$

2.3.2.5 排毒系数

污染物的排毒系数 F_i,是假设污染物充分、长期作用于人体时,可以引起慢性中毒的人数,其基本计算公式为:

$$F_i = \frac{m_i}{d_i} \qquad\qquad (2-6)$$

式中:F_i 为某污染物排毒系数,人;m_i 为某污染物排放量 kg;d_i 为某

污染物的评价标准,g/人,指能够导致一个人出现中毒反应的污染物最小摄入量,g。

对于废水,d_i = 某种污染物的慢性中毒阈剂量(mg/kg)×成年人平均体重(55 kg)。

根据式(2-6),可以求出一个工厂、一个地区或一个流域的排毒系数:

$$F_n = \sum_{i=1}^{n} F_i \qquad (2\text{-}7)$$

$$F_m = \sum_{j=1}^{m} F_{nj} \qquad (2\text{-}8)$$

F_i 值完全是一个反映污染物排放水平的系数,它不反映任何外环境的影响,因此可以作为污染评价的一个客观指标。各种不同性质的污染物,通过这种标准化计算,具有了相同量纲,相互之间就有了可比性,为进一步运算打下了基础。

2.3.2.6 等标排放量

等标排放量 P 是污染物的绝对流失量 m 与卫生标准 C 的比值,基本计算公式为:

$$P_i = \frac{m_i}{C_i} \qquad (2\text{-}9)$$

$$P = \sum_{i=1}^{n} P_i = \sum_{i=1}^{n} \frac{m_i}{C_i} \qquad (2\text{-}10)$$

式中:P 为某工厂的等标排放量,L/年;m_i 为某污染物质的年流失量,g/年;C_i 为某污染物质卫生标准的阈浓度,mg/L;P_i 为某污染物等标排放量,g/年。

等标排放量的含义可理解为将污染物稀释到等于标准浓度值时稀释介质(水)量。它可以用来表示某种污染物、某种污染源对环境造成污染的潜在能力,又可以用来比较不同污染物、不同污染源、不同污染地区之间的差异,还可以用来作为一个工厂治理效果的一项综合性指标及收费的指标。

2.3.2.7 其他

污染物和污染源对环境潜在污染能力的评价以及污染源的污染程度的比较，除采用上述几种评价方法外，还可以用单位产量排污系数与单位产值排污系数来评价和比较。这种方法不但可以掌握污染物和污染源对环境污染的潜在影响程度，同时可以衡量企业的管理水平和技术水平。

（1）单位产量的某污染物排放量：

$$M_i = \frac{Q_i}{W} \tag{2-11}$$

式中：M_i 为每吨产品某污染物的排放量，kg/t；Q_i 为某污染物的排放量，kg/年；W 为产品的产量，t/年。

（2）单位产值的排污系数：

$$N_i = \frac{Q_i}{U} \tag{2-12}$$

式中：N_i 为每万元产值的某污染物排放量，kg/万元；Q_i 为某污染物排放量，kg/年；U 为产品的产值，万元/年。

2.4 污染源预测

2.4.1 工业污水量预测

2.4.1.1 经济发展预测

$$V = V_0(1 + \delta)^n \tag{2-13}$$

式中：δ 为经济年均增长率；n 为间隔年数；V_0 为基准年产值；V 为预测年产值。

2.4.1.2 工业废水量预测

$$Q_t = \sum_i \sum_j V_{tij} d_i (1 - P_t) \times 10^{-4} \tag{2-14}$$

式中：Q_t 为 t 年工业废水排放量，万 t/年；V_{tij} 为 t 年 j 地区 i 行业的工业产值,万元/年;d_i 为基准年行业的排污系数,t/万元;P_t 为 t 年工业用水重复率的增量(%);j 为预测区域的地区数;i 为预测的行业数。

$$Q_i = DG(1 - op) = DG\left(1 - \frac{P_2 - P_1}{1 - P_1}\right)$$

式中:Q_i 为预测年份的工业废水量,万 m^3;D 为预测年份工业产值,亿元;G 为基准年万元产值工业废水量,m^3/万元;op 为预测年份工业用水循环利用率的增量(%);P_2、P_1 分别为预测年和基准年工业用水循环利用率(%)。

2.4.2 工业污染物排放量预测

$$D_{tj} = \sum C_{ij} V_{tij}(1 - f_1)(1 - f_2) \tag{2-15}$$

式中:D_{tj} 为 t 年 j 污染物排放量,t/年;C_{ij} 为基准年 i 行业 j 污染物排放系数,t/万元;V_{tij} 为 t 年 i 至 j 行业的产值,万元/年;f_1、f_2 分别为环境管理和污水治理水平系数与行业工艺科技水平系数。

$$W_i = (q_i - q_0)C_0 \times 10^{-2} + W_0$$

式中:W_i 为预测年份某污染物排放量,t/年;q_i 为预测年份工业废水排放量,万 m^3;q_0 为基准年工业废水排放量,万 m^3;C_0 为含某污染物废水工业排放标准,mg/L;W_0 为基准年某污染物排放量,t/年。

2.4.3 生活污染排放量预测

(1)人口预测。

$$A = A_0(1 + p)^n \tag{2-16}$$

式中:A 为预测年份人口数;A_0 为基准年人口;p 为人口增长率;n 为规划年与基准年的年数差值。

一般预测年份人口数可采用地方人口规划量,当无地方规划量时,采用上述人口预测方法进行预测。

(2)生活污水量预测。

$$Q = 0.365AF \tag{2-17}$$

式中:Q 为生活污水量,万 m³/年;A 为预测年份人口数,万人;F 为人均生活污水量,L/(d·人)。

(3)生活污染物排放量预测。

$$Q_t = Qa_t \qquad (2\text{-}18)$$

式中:a_t 为 t 年人均生活污染物排放浓度,a_t 的一般取值为:COD_{cr} 为 $100 \sim 300$ mg/L,BOD_5 为 $100 \sim 150$ mg/L;其他符号意义同前。

2.4.4 面污染源排放量计算方法

2.4.4.1 年平均面污染源产生量计算公式

$$M_{ss} = \sum_{i=1}^{4} C_{rsi} Q_{fi} \times 10^{-3} \qquad (2\text{-}19)$$

式中:M_{ss} 为降雨径流中污染物产生量,kg/年;C_{rsi} 为径流中污染物浓度,mg/L,按表 2-1 为取值;Q_{fi} 为径流量,m³/年。

$$Q_{fi} = F_i' \psi_i H_r \times 10^{-3} \qquad (2\text{-}20)$$

式中:F_i' 为流失区面积,m²;ψ_i 为径流系数,按表 2-2 取值;H_r 为降水量,mm/年;i 为不同下垫面,分为稻田、山地、旱地和村镇。

表 2-1 C_{rsi} 取值 （单位:mg/L）

下垫面	BOD	COD_{cr}	TN	TP
稻田	7.3	19.7	1.14	0.23
山地	4.8	60.4	0.32	0.28
旱地	7.2	128.9	10.70	1.20
村镇	202.5	316.2	1.88	1.03

表 2-2 ψ_i 取值

稻田	旱地	山地	村镇
0.15	0.10	0.15	0.2

2.4.4.2 计算方法

(1)根据资料求得流域中稻田、山地、旱地和村镇的面积 F_i',然

后求得年降水量 H_r，查表 2-2 得 ψ_i。

（2）根据 F_i'、H_r、ψ_i，由式（2-20）求得径流量 Q_{fi}。

（3）查表 2-1 得 C_{rsi}，根据 C_{rsi} 和 Q_{fi}，利用式（2-19）得面污染源产生量 M_{ss}。

2.5 水体污染物的来源及危害

2.5.1 水体污染物的来源

人类活动将大量未经处理的废水、废物直接排放江河湖海，污染地表水和地下水。人类活动造成水体污染的主要来源有以下几个方面：

（1）工业生产过程排出的废水、污水和废液等，统称为工业废水。这类废水成分极其复杂，量大面广，有毒物质含量高，其水质特征及数量随工业类型而异，大致可分三大类：①含无机物的废水，包括冶金、建材、无机化工等废水；②含有机物的废水，包括食品、塑料、炼油、石油化工以及制革等废水；③兼含无机物和有机物的废水，如炼焦、化肥、合成橡胶、制药、人造纤维等。表 2-3 列举了废水中主要污染物质及污染来源。

表 2-3 废水中主要污染物质及污染来源

项目	污染类型		污染物	污染标志	废水来源
物理性污染	热污染		热的冷却水	升温、缺氧或气体过饱和、热富营养化	动力电站、冶金、石油、化工等工业
	放射性污染		铀、钚、锶、铯	放射性沾污	核研究生产、核试验、核医疗、核电站
	表现污染	水的浑浊度	泥、沙、渣、屑、漂浮物	浑浊	地表径流、农田排水、生活污水、大坝冲沙、工业废水
		水色	腐殖质、色素、染料、铁、锰	染色	食品、印染、造纸、冶金等工业、生活污水和农田排水
		水臭	酚、氨、胺、硫醇、硫化氢	恶臭	污水、食品、制革、炼油、化工、农肥

続表 2-3

项目	污染类型	污染物	污染标志	废水来源
化学性污染	酸碱污染	无机或有机的酸、碱物质	pH 值异常	矿山、石油、化工、化肥、造纸、电镀、酸洗等工业、酸雨
	重金属污染	汞、镉、铬、铜、铅、锌等	毒性	矿山、冶金、电镀、仪表、颜料等工业
	非金属污染	砷、氰、氟、硫、硒等	毒性	化工、火电站、农药、化肥等工业
	需氧有机物污染	醣类、蛋白质、油脂、木质素等	耗氧,进而引起缺氧	食品、纺织、造纸、制革、化工工业、生活污水、农田排水
	农药污染	有机氯农药类、多氯联苯、有机磷农药	含毒严重时水中无生物	农药、化工、炼油等工业、农田排水
	易降解有机物污染	酚类、苯、醛等	耗氧、异味、毒性	制革、炼油、化工、煤矿、化肥等工业、生活污水及地面径流
	油类污染	石油及其制品	漂浮和乳化、增加水色	石油开采、炼油、油轮等
生物性污染	病原菌污染	病菌、虫卵、病毒	水体带菌、传染疾病	医院、屠宰、畜牧、制革等工业、生活污水及地面径流
	霉菌污染	霉菌毒素	毒性、致癌	制药、酿造、食品、制革等工业
	藻类污染	无机和有机氮、磷	富营养化、恶臭	化肥、化工、食品等工业、污水、农田排水

(2)人们日常生活中排出的各种污水混合液,统称为生活污水。随着人口的增长与集中,城市生活污水已成为一个重要污染源。生活污水包括厨房、洗涤、浴室用水以及粪便等,这部分污水大多通过城市下水道与部分工业废水混合后排入天然水域,有的还汇合城市降水形成的地表径流。由城市下水道排出的废污水成分也极为复杂,其中大约99%以上的是水,杂质占 0.1% ~1% 。

生活污水中悬浮杂质有泥沙、矿物质、各种有机物、胶体和高分子物质(包括淀粉、糖、纤维素、脂肪、蛋白质、油类、洗涤剂等);溶解物质则有各含氮化合物、磷酸盐、硫酸盐、氯化物、尿素和其他有机物分解产物,还有大量的微生物,如细菌、多种病原体。据统计,每毫升生活污水中含有几百万个细菌。污水呈弱碱性,pH 值为 7.2 ~ 7.8。生活污水中杂质含量与生活习惯及水平有关,通常用平均情况描述。我国生活污水的指标为:沉淀后的五日生化需氧量(BOD_5)为 20 ~ 30 g/(人·d),悬浮物(SS)为 20 ~ 45 g/(人·d)。表 2-4 列出了一些城市的生活污水水质。

表 2-4　一些城市的生活污水水质

项目	北京	上海	西安	武汉	项目	北京	上海	西安	武汉
悬浮物（mg/L）	50 ~ 327	320.7	—	66 ~ 330	氯化物（mg/L）	124 ~ 128	141.5	80 ~ 105	—
耗氧量（mg/L）	30 ~ 88	—	—	52 ~ 64	磷（mg/L）	30 ~ 34.6	—	—	—
BOD_5（mg/L）	90 ~ 180	360	—	320 ~ 338	钾（mg/L）	17.7 ~ 22	—	—	—
氨（mg/L）	25 ~ 45	47.1	21.7 ~ 32.5	15 ~ 59.3	pH 值	7.35 ~ 7.7	7.31	7.3 ~ 7.85	7.1 ~ 7.6

（3）通过土壤渗漏或排灌渠道进入地表水和地下水的农业用水回归水,统称农田排水。农业用水量通常要比工业用水量大得多,但利用率很低,灌溉用水中的 80% ~ 90% 要经过农田排水系统或其他途径排泄。随着农药、化肥使用量的日益增加,大量残留在土壤中、飘浮于大气中或溶解在水田内的农药和化肥,通过灌溉排水和降水径流的冲刷进入天然水体,形成面污染源。现代化农业和畜牧业的发展,特别是大型饲养场的增加,会使各类农业废弃物的排入量增加,给天然水体增加污染负荷。水土流失使大量泥沙及土壤有机质进入水体,是我国许多地区主要的面污染源。此外,大气环流中的各种污染物质的沉降如酸雨等,也是水体污染的来源。这些污染源造成了性质各异的水体污染,并产生性质各异的危害。

2.5.2　水体污染物的危害

（1）无机悬浮物污染的危害。无机悬浮物主要指泥沙、土粒、煤渣、灰尘等颗粒状物质,在水中可能呈悬浮状态。这类物质一般无毒,会使水变浑浊,带颜色,给人厌恶感,因此属于感官指标。这类物质常吸附和挟带一些有毒物质,扩大有毒物质污染。

(2)有机污染物污染的危害。有机污染物分耗氧有机物和难降解有机物。耗氧有机物在水体中发生生物化学分解作用,消耗水中的氧,从而破坏水生态系统,对鱼类影响较大。在正常情况下,20 ℃水中溶解氧量(DO)为 9.77 mg/L,当 DO 值大于 7.5 mg/L 时,水质清洁;当 DO 值小于 2 mg/L 时,水质发臭。渔业水域要求在 24 h 中有 16 h 以上 DO 值不低于 5 mg/L,其余时间不得低于 3 mg/L。

难降解有机物一旦污染环境,其危害时间较长。如有机氯农药,由于化学性质稳定,在环境中毒性减低一半需要十几年,甚至几十年;而水生生物对有机氯农药有极高的富集能力,其体内蓄积的含量可比水中的含量高几千倍到几百万倍,最后通过食物链进入人体。如有机氯农药 DDT 可引起破坏激素的病症,给人的神经组织造成障碍,影响肝脏的正常功能,并使人产生恶心、头痛、麻木和痉挛等。这类中毒往往呈慢性,弄清症状需要花很长时间。

(3)植物营养素污染的危害。正如前面已经提到的,这类物质超量会引起水体的富营养化,藻类过量繁殖。在阳光和水温最适宜的季节,藻类的数量可达 100 万个/L 以上,水面出现一片片"水花",称为"赤潮"。水面在光合作用下溶解氧达到过饱和,而底层则因光合作用受阻,藻类和底生植物大量死亡,它们在厌氧条件下腐败、分解,又将营养素重新释放进水中,再供给藻类,周而复始,因此水体一旦出现富营养化就很难消除。

富营养化水体对鱼类生长极为不利,过饱和的溶解氧会产生阻碍血液流通的生理疾病,使鱼类死亡;缺氧也会使鱼类死亡。而藻类太多堵塞鱼鳃,影响鱼类呼吸,也能致死。

含氮化合物的氧化分解会产生硝酸盐,硝酸盐本身无毒,但硝酸盐在人们体内可被还原为亚硝酸盐。研究认为,亚硝酸盐可以与仲胺作用形成亚硝胺,这是一种强致癌物质。因此,有些国家的饮用水标准对亚硝酸盐含量提出了严格要求。

（4）重金属污染的危害。重金属毒性强，对人体危害大，是当前人们最关注的问题之一。重金属对人体危害的特点：①饮用水含微量重金属，即可对人体产生毒性效应。一般重金属产生毒性的浓度范围是 1~10 mg/L，毒性强的汞、镉产生毒性的浓度为 0.01~0.1 mg/L。②重金属多数是通过食物链对人体健康造成威胁。③重金属进入人体后不容易排泄，往往造成慢性累积性中毒。

日本的"水俣病"是典型的甲基汞中毒引起的公害病，是通过鱼、贝类等食物摄入人体的；日本的"骨痛病"则是由于镉中毒，引起肾功能失调，骨质中钙被镉取代，使骨骼软化，极易骨折。砷与铬毒性相近，砷更强些，三氧化二砷（砒霜）毒性最大，是剧毒物质。

（5）石油类污染的危害。石油类比水轻又不溶于水，覆盖在水面形成薄膜，阻碍水与大气的气体交换，抑制水中浮游植物的光合作用，造成水体溶解氧减少，产生恶臭，恶化水质，油膜还会堵塞鱼鳃，引起死鱼。

（6）酚类化合物污染的危害。人口服酚的致死量为 2~15 g。长期摄入超过人体解毒剂量的酚，会引起慢性中毒。苯酚对鱼的致死浓度为 5~20 mg/L，当浓度为 0.1~0.5 mg/L 时，鱼肉就有酚味。

（7）氰类化合物污染的危害。氰化物能抑制细胞呼吸，引起细胞窒息，造成人体组织严重缺氧的急性中毒。0.12 g 氰化钾或氰化钠可使人立即致死。

（8）病原微生物的危害。最常见的是引起各类肠道传染病，如霍乱、伤寒、痢疾、胃肠炎及阿米巴、血吸虫病等寄生虫病。另外，还有致病的肠道病毒、腺病毒、传染性肝炎病毒等。

2.6　水体的自净

水体自净的含义：污染物进入天然水体后，通过一系列物理、化学和生物因素的共同作用，污染物质的总量减少或浓度降低，使曾受污染的天然水体部分地或完全地恢复原状。也可简单地说,水体受到污染后,靠自然能力逐渐变洁的过程。

水体自净可以发生在水中,如污染物在水中的稀释、扩散和水中生物化学分解等;可以发生在水与大气界面,如酚的挥发;也可以发生在水与水底间的界面,如水中污染物的沉淀、底泥吸附和底质中污染物的分解等。

2.6.1 水体自净的原理

2.6.1.1 物理自净过程

物理自净作用是指水体的稀释、扩散、混合、吸附、沉淀和挥发等作用。物理自净作用只能降低水体中污染物质的浓度,并不能减少污染物质的总量。

1. 稀释、扩散与混合

稀释是指污染物质进入天然水体后,便在一定范围内相互掺合,使污染物质的浓度降低。距排污口越近,污染物质的浓度越高,反之越低。污染物质顺水流方向的运动称为对流,污染物质由高浓度区向低浓度区迁移称为扩散。稀释作用取决于对流和扩散的强度。

污水与天然水的混合状况,取决于天然水体的稀释能力、径(天然水体的径流量)污(污水量)比、污水排放特征等。

2. 吸附和沉淀

吸附和沉淀作用是指污染物质通过吸附在水中悬浮物上随流迁移、沉积,从而完成了水与底质之间污染物的交换。

吸附与沉淀虽使水质得到了净化,但底质中污染物却增加了,因而水体存在着引发二次污染的隐患。

2.6.1.2 化学及生化自净过程

化学及生化自净是指污染物质通过氧化、还原、吸附、凝聚、中和等反应使其浓度降低。化学及生化自净作用包括化学、物理化学及生物化学作用,其具体反应又可分为污染物的氧化与还原反应、酸碱反应、吸附与凝聚、水解与聚合、分解与化合等。

1. 氧化与还原反应

产生水体化学自净过程的动力因素是太阳能和空气中的氧,而且大部分与生命系统有联系,故主要表现在有机污染物的分解与水中溶解氧的变化这类生化净化过程上。

有机污染物进入水体后,在生物化学作用下便开始分解转化(氧化分解)。这个过程的速度有快有慢,主要受有机污染物含量和水中溶解氧含量的影响,即有机污染物降解的数量与水体中氧的消耗量是正相关的,故可用水体溶解氧 DO 的变化来反映有机污染物的分解动态(降解过程)。

河流中溶解氧的变化主要受两种因素影响,一种是排进的有机污染物降解时的耗氧,另一种是河流自身不断的复氧。河流的净化作用可以用 DO 沿程(随时间)变化的氧垂曲线来形象反映。如图 2-1 所示,图中 DO 变化为一悬索状下垂曲线,在起始(排污口)断面附近,入河有机污染物强烈的氧化分解作用使 DO 迅速减小,氧垂曲线迅速下降,同时开始刺激复氧过程。但耗氧大于复氧,使溶解氧逐渐降至最低点 DO_{min},此时水体可能发黑变臭。但由于水中氧亏加大,复氧加快,使得流经一段距离(时间)后,溶解氧又逐渐回升还原,受污染的河水重新又被净化。这种河流氧平衡的 DO 悬垂曲线概括了一般河流有机污染物变化的普遍规律。

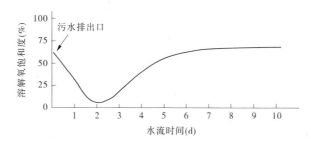

图 2-1　有机物氧化分解耗氧过程

除有机污染物的氧化反应外,水中的其他污染物质也可与水中的溶解氧发生氧化反应,水中的某些重金属离子被氧化成难溶的沉淀物沉降(如铁、锰等被氧化成氢氧化铁、氢氧化锰沉淀);有些被氧化成各种酸根,形成易溶性化合物而随水迁移(如硫离子被氧化成硫酸根离子)等。

2. 酸碱反应

当含酸性或碱性的污水排入天然水体时,水体的 pH 值就发生变化,不同 pH 值的天然水体对污染物质有着不同方式的净化作用。如某些元素在酸性环境中会形成易溶化合物,随水流动迁移而稀释;而有的在中性或碱性环境中则形成难溶的氢氧化物而沉降,从而起到了净化水质的作用。

2.6.1.3　生物自净过程

生物自净是地表水净化中重要而又非常活跃的过程。生物自净过程即污染物质中的有机物,由于水体中微生物的代谢活动而被分解、氧化并转化为无害、稳定的无机物,从而使浓度降低的过程。

对于某一水域,一方面水生动植物在自净过程中将一些有毒物质分解转化为无毒物质,消耗溶解氧,同时绿色水生植物的光合作用又有复氧的功能;另一方面水体污染又使该环境中的动植物本身发生变异,适应环境状态的一些改变。原先保持平衡的水生生态系统总是既努力"纠正"污染引起的环境改变(即净化),又设法适应这种环境变化。

河流的生物自净作用直接与河水中的生物种类和数量有关,能分解污染物的微生物种类和数量越多,河流的生物自净作用相应就越强、越快。

2.6.2　水体自净分类

水体自净作用可按发生场所分为:①水中的自净作用,如污染物的稀释、扩散,水中生物化学分解等;②水与大气间的自净作用,如某些气体的释放;③水与水底间的自净作用,如沉淀和底质吸附;④底质中的自净作用。

2.6.3 不同水体的自净特点

2.6.3.1 河流水体的自净特点

河流是流动的,因此河流水体的自净特点都是通过水流作用所产生的一系列自净效应体现的。

(1)流动的河水有利于污染物的稀释、迁移,所以稀释、迁移能力强。

(2)河水流动使水中的溶解氧含量较高。流动的河水,由于曝气作用显著,使水中溶解氧含量较高,分布比较均匀,有利于生物化学作用和化学氧化作用对污染物的降解。

(3)河水的沉淀作用较差。河流水体中的沉淀作用往往只在水流变缓的局部河段发生。河水通过沉淀对水中杂质的净化效果远不如湖泊和水库明显。

(4)河流的汇合口附近不利于污染物的排泄。在河流的汇合口附近(如干支流汇河口、河流入湖库口、大江大河入海口等),河水经常变动着流向和流速,在这个地带,水体中的污染物质会随水流变化而产生絮凝和回荡现象,不利于污染物的排泄和迁移,使污染物质在河段中停留与分解的时间较长。

(5)河流的自净作用受人类活动的干扰和自然条件的变化影响较大。暴雨洪水的冲刷可使局部地区原沉积河底的污染物质重新进入水中,结果使水体的底质得到净化而水质受到污染;汛期和枯水期河流的流量组成和变化大,自净作用的差异也很显著。

总之,河流的水流作用明显,产生自净作用的因素多、自净能力强,河水被污染后较容易进行控制和治理。

2.6.3.2 湖泊、水库水体的自净特点

湖泊、水库水体基本上属于静水环境,流速的分布梯度不明显,因此其自净特点与河流有很大差别。

(1)沉淀自净作用强。湖泊、水库的深度较大,流动缓慢,在水体自净作用中,最明显的是对水中污染物质的沉淀净化作用和各种

类型的生物降解作用,而稀释、迁移及紊动扩散效应相对较小。

(2)随季节性变化的水温分层影响自净(复氧)。对于深水湖泊、大型水库,由于水深大,水层间的水量交换条件差,因此一般存在着随季节性变化的水温分层现象,对水体的自净作用有特殊的影响。

(3)水中溶解氧随水深变化明显。湖泊、水库水体只有表层水在与大气的接触过程中,产生曝气作用,太阳辐射产生的光合作用也只在表水层中进行,这样造成了水中溶解氧随水深而明显变化,湖泊、水库表层的溶解氧最高,而在中间水层的底部溶解氧常减小很多(甚至为零),随着水深继续加大,溶解氧又有上升,最后又逐渐减小,至湖底部常减为零,所以湖泊、水库底部常呈缺氧状态。表水层的氧分解活跃,中间水层嫌气性微生物作用明显,而在湖泊、水库底部基本上是厌氧分解作用。

(4)湖泊、水库水体污染后难以恢复(迁移能力弱,受人类控制干扰强)。湖泊、水库水体与外界的水量交换小,污染物进入后,会在水体中的局部地区长期存留和累积,这使得湖泊、水库水体被污染后难以恢复。

总之,与河流相比,湖泊、水库水体的中污染物质的紊动扩散作用不明显,自净能力较弱,水体受到污染后不易控制和治理。

2.6.3.3 地下水的自净特点

地下水的自净作用是指污染物质在进入地下水层的途中和在地下水层内所受到的有利的改变。这种改变的产生在物理净化方面有土壤和岩石空隙的过滤作用,以及土壤颗粒表面的吸附作用;在生物净化方面有土壤表层微生物的分解作用;在化学净化方面有化学反应的沉淀作用和土壤颗粒表面的离子交换作用。通过这些作用,原来不良的水质可以得到一定程度的改善。

地下水的自净特点是吸附过滤作用强,微生物分解、离子交换作用强。

2.6.3.4 河口的自净特点

河口的自净特点是双向流动、絮凝吸附、离子交换作用强。

2.6.4 影响自净的主要因素

2.6.4.1 污染物质的种类、性质与浓度

(1)就其污染物质的物理化学性质而论,可将水体中存在的污染物质分为:易降解的污染物与难降解的污染物,易被微生物分解的污染物与易进行化学分解的污染物,在好氧条件下降解的污染物与在厌氧条件下降解的污染物,高浓度的污染物与低浓度的污染物,等等。

(2)当污染物质的浓度超过某一限度后,水体自净速度会迅速降低,污染物质的降解状态会突然改变。

如可降解的有机污染物质,在一定浓度下可在好氧微生物作用下彻底分解,而当浓度增加造成水中严重缺氧时,好氧分解受到抑制,使有机污染物质的降解变为由厌氧菌进行的不彻底分解,从而在分解过程产生有害气体。

2.6.4.2 水体的水情要素

影响水体自净作用的主要水情要素有水温、流量、流速和含沙量等。

水温不仅直接影响着水体中污染物质的净化速度(如化学反应速度),而且影响着水中饱和溶解氧浓度和水中微生物的活动,间接影响了水体的自净作用。

水体的流速、流量等水文水力学条件,对自净作用的直接影响或间接影响也很突出。在紊动强烈的流动方式中,稀释、扩散能力就加强,并使与水体表面状态有关的气体交换(如复氧)速度增大。因为水温和流量都具有季节性变化的特点,水体自净作用也随季节变更而有差异。

水中含沙量的大小与污染物质浓度的变化也有一定关系,这主要是由于水中的泥沙颗粒能吸附水中某些污染物质,当泥沙沉降时,水质就净化,当泥沙悬浮时,水质就污染。调查证明,黄河中含沙量与含砷量呈紧密的正相关,这是因为河流中的泥沙对砷吸附性强的

缘故。

2.6.4.3　水生生物

当水中能分解污染物质的各种微生物种类和数量较多时,水体的生化分解自净作用就强。如果水体污染严重,微生物的生命活动受限或引起微生物大量死亡,则水中的生化分解自净作用便降低。

2.6.4.4　周围环境

影响水体自净的周围环境包括大气、太阳辐射(光照条件)、底质和地质地貌条件。

水体自净以生物自净过程为主,生物体是水体自净作用中最活跃、最积极的因素。但是,水对有机氯农药、合成洗涤剂、多氯联苯等物质以及其他难以降解的有机化合物、重金属、放射性物质的自净能力是极有限的。

2.6.5　提高水体自净能力的主要措施

提高水体自净能力的主要措施包括:

(1)养殖有净化能力和抗污染能力的水生动、植物。

(2)修建曝气设施,进行人工增氧,以增加水体的自净能力。

(3)调水进行稀释,提高水体自净能力和改善水质。

(4)利用当地野生生物物种,恢复河岸、湖岸的水生植被。

(5)采用石料与透水混凝土连锁块作为河湖护岸。

(6)提升整个水体流动动力,加快水体交换。

第3章　水质模型与水环境容量

3.1　水质模型基本理论

3.1.1　扩散现象

扩散是自然界物质运动的一个普遍现象,所谓扩散,就是指在流体中,物质总是从浓度(或物质含量)高的地方向浓度低的地方传播的现象。无论物质所在流体是否发生运动,扩散现象都会发生。然而,流体的运动与否,造成了扩散内在机理的差异。比如,当流体静止时,流体中污染物的扩散完全依靠污染物分子的热运动完成,这种扩散运动的速率非常缓慢,我们称为静态水环境中的分子扩散。当流体具有一定的流动速度,特别是当流体达到紊流流态(天然河流中的流动大多属于紊流)时,污染物质在流体微团的紊动作用下,以比分子扩散运动更快的速度进行扩散,我们称这种扩散为紊动扩散。

3.1.2　静态水环境的分子扩散规律

静水中,扩散物质的分散、混合只是受分子扩散运动规律的制约。

1885 年,德国生理学家费克(Adolf Fick,1829～1901 年)首先发现了用于描述分子扩散现象的费克定律。在试验中,溶质(污染物)在静止溶液(水环境)里的扩散运动与热在金属中的传导具有可比拟性,并进而提出了描述分子扩散现象的著名定律——费克定律。

3.1.2.1　费克第一定律

在各向同性的介质中,沿某一方向,单位时间内通过单位面积扩

散输送的物质与该断面扩散物质的浓度梯度成正比,即

$$F_x = -D_m \frac{\partial c}{\partial x} \qquad (3-1)$$

式中:F_x 为在 x 方向单位时间内通过单位面积的扩散物质的质量,简称通量;c 为扩散物质的浓度(单位体积流体中的扩散物质的质量);$\frac{\partial c}{\partial x}$ 为扩散物质在 x 方向的浓度梯度;D_m 为分子扩散系数,与扩散物的种类和流体温度有关,具有 $[L^2/T]$ 的量纲。

式(3-1)中的负号表示扩散物质的扩散方向为从高浓度向低浓度,与浓度梯度相反。

另需指出的是,该定律为基于梯度形式的经验公式,但大量实践表明,该定律能够很好地反映分子扩散的函数关系。

3.1.2.2 费克第二定律——扩散方程

根据能量守恒,在水体中任取一微分六面体都可推得三维分子扩散方程:

$$\frac{\partial c}{\partial t} + \frac{\partial F_x}{\partial x} + \frac{\partial F_y}{\partial y} + \frac{\partial F_z}{\partial z} = 0 \qquad (3-2)$$

式中:$\frac{\partial c}{\partial t}$ 为污染物浓度在水环境中随时间的变化率;F_x、F_y、F_z 分别为污染物在 x、y、z 方向上的通量,与费克第一定律中的意义相同。

当扩散过程各项同性时,式(3-2)简化为:

$$\frac{\partial c}{\partial t} = D_m \left(\frac{\partial^2 c}{\partial x^2} + \frac{\partial^2 c}{\partial y^2} + \frac{\partial^2 c}{\partial z^2} \right) \qquad (3-3)$$

式(3-3)即为各向同性情况下的三维分子扩散方程,是费克第二定律的特殊形式。

在实际应用中,常常遇到只关心污染物在平面上的分布或者沿着某一方向的分布问题,即得到二维分子扩散方程和一维分子扩散方程:

$$\frac{\partial c}{\partial t} = D_m \left(\frac{\partial^2 c}{\partial x^2} + \frac{\partial^2 c}{\partial y^2} \right) \qquad (3-4)$$

$$\frac{\partial c}{\partial t} = D_m \frac{\partial^2 c}{\partial x^2} \tag{3-5}$$

在费克定律中,分子扩散系数是随着扩散质的种类、温度、压力等因素变化的。

3.1.3 动态水环境移流、扩散规律

当扩散质(污染物)在流动水环境下运动时,除上述的扩散运动外(在这里主要考虑紊动扩散),同时扩散物质还随水质点一起流动,即还必须考虑随流体的输移问题。紊动扩散和紊动混掺同时作用于扩散物质。既然是对流输移问题,必然与环境流体在三个方向的运动速度有关。设在动态水域中 u_x、u_y、u_z 分别为环境流体在 x、y、z 方向的速度分量,根据质量守恒原理,可以得到均匀流场中某污染物质浓度分布规律:

$$\frac{\partial c}{\partial t} + u_x \frac{\partial c}{\partial x} + u_y \frac{\partial c}{\partial y} + u_z \frac{\partial c}{\partial z} = E_x \frac{\partial^2 c}{\partial x^2} + E_y \frac{\partial^2 c}{\partial y^2} + E_z \frac{\partial^2 c}{\partial z^2} \tag{3-6}$$

式中:$u_x \frac{\partial c}{\partial x} + u_y \frac{\partial c}{\partial y} + u_z \frac{\partial c}{\partial z}$ 为对流输移项,表示在三维水环境中污染物随流体输移的量;$E_x \frac{\partial^2 c}{\partial x^2} + E_y \frac{\partial^2 c}{\partial y^2} + E_z \frac{\partial^2 c}{\partial z^2}$ 为紊动扩散项,表示在三维水环境中污染物的紊动扩散量。

实际上,式(3-6)表达的是在动态水环境中,污染物浓度随时间的变化量及其随流体的输移以及扩散作用的定量关系。

对于二维移流扩散,方程为:

$$\frac{\partial c}{\partial t} + u_x \frac{\partial c}{\partial x} + u_y \frac{\partial c}{\partial y} = E_x \frac{\partial^2 c}{\partial x^2} + E_y \frac{\partial^2 c}{\partial y^2} \tag{3-7}$$

对于一维移流扩散,方程则为:

$$\frac{\partial c}{\partial t} + u_x \frac{\partial c}{\partial x} = E_x \frac{\partial^2 c}{\partial x^2} \tag{3-8}$$

3.1.4 扩散方程解析

扩散方程的求解与污染源的存在形式密切相关。从污染源在水域空间位置来看,可将污染源概化为点源(点式排放)、线源(线状排放)和面源(面状排放)。按污水排放时间划分,污染源又分为瞬时源(瞬间排放)和连续源(连续排放)。

3.1.4.1 静态水域扩散方程求解

1. 一维瞬时平面源

所谓瞬时源,是指在某时刻,在极短时间内将污染物投放到水环境当中,如海洋中突然发生的油轮事故使石油泄漏,导致水体污染。

在一维水域中,取污染投放处为计算的坐标原点,则瞬间($t=0$)于某处排放的污染负荷向两侧水域扩散所形成的污染浓度分布的规律如下:

(1)扩散方程:

$$\frac{\partial c}{\partial t} = D_m \frac{\partial^2 c}{\partial x^2} \tag{3-9}$$

(2)初始条件:当 $t=0$ 时,$c(x,0)\mid_{x\neq 0}=0$,$c(0,0)=M\delta(x)$,其中,$\delta(x)$ 为狄拉克函数(它是一个函数,其特征为:在除零外的点都等于零,而其在整个定义域上的积分等于1),M 为单位时间单位面积上污染物的瞬间投放量。

(3)边界条件:当 $t>0$ 时,$c(x,t)\mid_{x\to\pm\infty}=0$,此条件表明,在无穷远处,有限时间内,不会受到扩散场的影响。

(4)求解:此类问题由于形式较为简单、参量较少,可采用量纲分析的方法。

分析可知:浓度 $c(x,t)$ 为 M、x、t、D_m 的函数,由于扩散方程的线性特性,c 与 M 成正比。而 c 的量纲为 $[M/L^3]$,扩散系数 D_m 的量纲为 $[L^2/T]$,因此可选用 $\sqrt{D_m t}$ 作为特征长度,这样通过量纲分析,得到如下关系:

$$c = \frac{M}{\sqrt{4\pi D_m t}} f\left(\frac{x}{\sqrt{4D_m t}}\right) \qquad (3\text{-}10)$$

式（3-10）中存在未知函数 f，为确定其具体形式，可令 $\eta = \frac{x}{\sqrt{4D_m t}}$，并将式（3-10）代入扩散方程，得到常微分方程：

$$f''(\eta) + 2\eta f'(\eta) + 2f(\eta) = 0 \qquad (3\text{-}11)$$

其通解为：$f(\eta) = c_0 \exp(-\eta^2)$。

此外，由扩散质的质量守恒得到：$\int_{-\infty}^{\infty} c\,\mathrm{d}x = M$，将 $f(\eta)$ 及 c 的表达式代入此式积分，可得 $c_0 = 1$。

因此，在一维水域中，忽略边界反射影响，浓度分布的解为：

$$c(x,t) = \frac{M}{\sqrt{4\pi D_m t}} \exp\left(-\frac{x^2}{4D_m t}\right) \qquad (3\text{-}12)$$

式（3-12）反映的是高斯正态分布函数规律。因此，污染浓度 c 沿一维水域（即 x）方向为一正态分布曲线，而且随着时间的推移，扩散范围变宽而峰值浓度变低，整个分布曲线趋于扁平。

（5）分析。随着时间的推移，污染物投放点及其周围地区的污染物浓度逐渐变低，而污染物的范围向两端扩散，有逐渐覆盖整个水域的趋势。

2. 一维恒定连续点源

在实践中，不同于突发事故的污染情况也普遍发生，如湖泊河流附近的企业排污口，由于多数企业连续生产，所以排放的污染物质也将从排污口持续地排入水环境当中，这就是所谓的连续源投放。

对于连续恒定排放的点源，可设点源处为坐标原点，恒定排放污染物浓度为 c_0。此种情况的控制方程仍与前边提到的瞬时源相同，不同的是其初始条件和边界条件。

（1）控制方程：

$$\frac{\partial c}{\partial t} = D_m \frac{\partial^2 c}{\partial x^2} \qquad (3\text{-}13)$$

（2）初始条件：当 $t = 0$ 时，$|x| > 0$，$c = 0$；$x = 0$，$c = c_0$。

（3）边界条件：当 $t > 0$ 时，$|x| > 0$，$c = c_0$；$|x| \to \infty$，$c = 0$。

（4）求解：对于此问题，仍可采用量纲分析或拉氏变换（拉普拉斯变换）方法求解，求解过程从略，这里只给出解：

$$c(x,t) = c_0 \left[1 - \text{erf}(\frac{x}{\sqrt{4Dt}}) \right] \qquad (3\text{-}14)$$

式中：$\text{erf}(x)$ 为误差函数，$\text{erf}(x) = \dfrac{2}{\sqrt{\pi}} \displaystyle\int_0^x \exp(-\zeta^2)\,\mathrm{d}\zeta$；$c_0$ 为排污点的持续恒定污染物浓度。

（5）分析。与瞬时投放的点源扩散不同，时间连续源投放时，在污染源附近的区域内，浓度随时间不是削减，而是随时间的增长而逐渐增加，且越靠近污染源，其起始浓度增加得越迅速，距污染源较远的区域浓度也随时间增加，但相对较缓慢。

3. 考虑边界条件的扩散

上面所讨论的问题是在假设的无限空间或者边界足够远的情况下进行的，而在实际水域中，污染物不可能穿越固体边界，因此实际边界也就成为扩散方程的边界条件，这给方程的求解带来很大的困难。

当污染物扩散至边界时，通常有三种情况：①扩散物质完全被反射；②扩散物质被边界完全吸收或黏结；③扩散物质被部分反射而部分吸收即不完全反射。

对于具有简单直线或者近似直线的边界，可以通过镜像法得到满足边界条件的近似解。

所谓镜像法，就是将边界当成虚拟的镜面，在边界的另一侧放置一个虚拟的污染源，其强度和与边界的距离与实际污染源完全相同，此时边界就可以去掉，这样就把解决边界反射问题转化为两个污染源的叠加问题。

由叠加原理，我们将两个瞬时点源的叠加浓度场用下式表示：

$$c(x,t) = \frac{M}{\sqrt{4\pi D_m t}}\left\{\exp\left(-\frac{x^2}{4D_m t}\right) + \exp\left[-\frac{(x+2L)^2}{4D_m t}\right]\right\}$$

$$(3-15)$$

对于污染源在岸边排放的情况,即 $L = 0$,代入式(3-15)得到:

$$c(x,t) = \frac{2M}{\sqrt{4\pi D_m t}}\exp\left(-\frac{x^2}{4D_m t}\right) \qquad (3-16)$$

若污染源就在岸边,则它形成的污染浓度场中任一点的浓度都为没有边界时的两倍。

3.1.4.2 动态水域的扩散输移方程求解

1. 一维瞬时源

由静态水域中相应问题作为基础,在考虑动态水域中的输移扩散问题的解析时,可以设想现象的观察者处于与主流流动相对静止的动坐标系统中,在这种动坐标系统中,输移效应就会消失,其观察到的现象仅为单纯的扩散运动,因此只需在静态水域方程解中的坐标做相应的变换即可。

对于一般河渠而言,都具有明显的主流方向,设主流向为 x,平均流速为 u_x,在很多情况下都可忽略其他两个方向 y、z 的流动影响,故污染物质的传播规律可用一维移流扩散方程表示,即

$$\frac{\partial c}{\partial t} + u_x\frac{\partial c}{\partial x} = E_x\frac{\partial^2 c}{\partial x^2} \qquad (3-17)$$

设瞬间投放污染物的点源为坐标原点,则方程边界条件为:

$$x = \pm\infty, c = 0$$

初始条件为:

$$t = 0, c(x,0) = 0 \quad (x \neq 0); c(0,0) = M\delta(x)$$

采用动坐标系统即坐标变换的方法,动坐标为 $x' - y'$,原静止坐标为 $x - y$。经过时间 t 后,显然动坐标中的某点坐标 $x' = x - u_x t$,用此式代换静态解,即可得到动态水域中的解为:

$$c(x,t) = \frac{M}{\sqrt{4\pi E_x t}}\exp\left[-\frac{(x - u_x t)^2}{4E_x t}\right] \qquad (3-18)$$

式中：E_x 为紊动扩散系数。

2. 一维恒定连续源

当污染源持续以 c_0 的浓度排放污染物时，将会形成一维时间连续源排放。与上述问题类似，我们仍可以以静态水域中的解为基础，通过坐标变换，得到一维时间连续源投放情况下的解：

$$c(x,t) = c_0\left[1 - \mathrm{erf}\left(\frac{x - u_x t}{\sqrt{4E_x t}}\right)\right] \tag{3-19}$$

3. 平面二维稳态连续点源

如果需要了解污染物在平面水域中的输移、扩散规律，对于恒定均匀流可采用如下二维移流扩散方程：

$$u_x \frac{\partial c}{\partial x} = E_x \frac{\partial^2 c}{\partial x^2} + E_z \frac{\partial^2 c}{\partial z^2} \tag{3-20}$$

若单位时间投入的污染物质量 M 为常数，则整个过程可以作为一系列瞬时源沿时间的积分，然后采用坐标变换的方法，得到平面二维时间连续稳定源的浓度分布为：

$$c(x,z) = \frac{M}{u_x \sqrt{4\pi E_z x/u_x}} \exp\left(-\frac{u_x z^2}{4E_z x}\right) \tag{3-21}$$

式中：x,z 分别为平面上沿水流和垂直水流方向的坐标；M 为线源强度，即单位长度单位时间内投入的污染物的质量，如果线源均匀，则 $m = \dfrac{M}{h}$，其中 m 为线源污染物投放率，h 为水深；u_x 纵向平均流速；E_z 为横向扩散系数，与水流动力条件和水深有关。

3.1.5 污染物在河流中扩散输移的特点

从运动阶段上考察，扩散输移大致分为的三个阶段，即初始稀释阶段、污染带扩散阶段、一维纵向离散阶段。

第一阶段为初始稀释阶段。该阶段主要发生在污染源附近区域，其运动主要为沿水深的垂向浓度逐渐均匀化。

第二阶段为污染带扩展阶段。该阶段中，污染物在过水断面上，由于存在浓度梯度,污染由垂向均匀化向过水断面均匀化发展。

第三阶段为一维纵向离散阶段。该阶段中,由于沿水流方向的浓度梯度作用,以及断面上流速分布,出现了沿纵向的移流扩散,该扩散又反过来影响了断面的浓度分布,从而与第二阶段的运动相互作用。

3.1.5.1 污染带扩展阶段污染物浓度分布规律

在第二阶段扩散中,污染源已经由点源发展成垂向均匀的线源。污染物分布规律如下。

中心排放时:

$$c(x,z) = \frac{M_0}{u_x h \sqrt{4\pi E_z x / u_x}} \exp\left(\frac{-u_x z^2}{4 E_z x}\right) \tag{3-22}$$

岸边排放时,考虑反射作用,则

$$c(x,z) = \frac{M_0}{u_x h \sqrt{4\pi E_z x / u_x}} \left\{ \exp\left(\frac{-u_x z^2}{4 E_z x}\right) + \exp\left[\frac{-u_x (z - 2b)^2}{4 E_x x}\right] \right\} \tag{3-23}$$

式中:b 为河宽;M_0 为线源单位时间内投入的污染物的质量。

(1)断面最大浓度。

$$c_{\max}(x, z_m) = \frac{M_0}{u_x h \sqrt{4\pi E_z x / u_x}} \tag{3-24}$$

中心排放时,最大浓度出现在河道中心线上,而岸边排放时,最大浓度出现在岸边。

(2)横向扩散系数 E_z 的确定。

天然河道横断面极不规则,且有各种建筑物,因此在横向上产生不均匀流动,引起不同尺度的旋涡而促进横向扩散。由于涉及紊流,其机理相当复杂,且至今未完全揭示,因此在一般应用上,采用垂向紊动扩散系数的数字表达形式估算横向紊动扩散系数。对于二维明渠均匀流:

$$E_z = \alpha_z h u_* \tag{3-25}$$

式中:u_* 为摩阻流速,$u_* = \sqrt{ghJ}$,J 为水力坡度;α_z 为与河渠特性有关的系数,对于一般矩形断面明渠,$\alpha_z = 0.15$ 或取 $\alpha_z = 0.02(b/h)^{0.75}$,对于天然河道,$\alpha_z = 0.4 \sim 0.8$,当河渠几何特性较大时,取较大值,反之取较小值。

3.1.5.2 污染带宽的确定

通常规定当边缘点浓度达到该断面最大浓度的 5% 时,称该点为污染带边缘点。它对应宽度即为污染带宽。

当污染排放点在河流中心且不计两侧边界反射时,污染带宽为:

$$b' = 6.92\sqrt{E_z x/u_x} \tag{3-26}$$

当污染排放点在河岸且不计另一侧边界反射时,污染带宽为:

$$b' = 3.46\sqrt{E_z x/u_x} \tag{3-27}$$

若确定污染带距岸距离 x,则需考虑边界反射影响:

中心排放: $\qquad b' = 7.68\sqrt{E_z x/u_x} \tag{3-28}$

岸边排放: $\qquad b' = 3.84\sqrt{E_z x/u_x} \tag{3-29}$

3.1.5.3 污染带长度的计算

在实际应用中,常常要确定污染带长度,从而确定补救措施。污染带长度实际上反映的是污染浓度达到全断面均匀混合的距离。一般采用如下公式:

$$L' = Ku_x b^2/E_z \tag{3-30}$$

式中:L' 为污染带长度;K 为带长系数,中心排放时取 0.1,岸边排放时取 0.4;b 为河宽。

3.2 水质模型

3.2.1 水质模型概述

水质模型是一个用于描述污染物质在水环境中的混合、迁移过程的数学方程或方程组。求解方法很多,对于简单可解情况,可以求出其解析解;对于复杂情况,则可能采取数值解法。

在现阶段,进行水质模型研究的主要目的,主要是用于点源排放的纳污问题。随着社会的发展和水处理技术的进步,点源污染的影响相对变得越来越小,而非点源污染,例如农业和城市污染变得越来越重要,水质模型也向预测非点源污染问题方向发展。

3.2.1.1 分类

根据具体用途和性质,水质模型的分类标准如下。

(1)根据研究精度,可把水质模型分为零维、一维、二维、三维水质模型。其中零维水质模型较为粗略,仅为对于流量的加权平均,因此常常用做其他维度模型的初始值和估算值,而三维水质模型虽然能够精确地反映水质变化,但是受到紊流理论研究的局限,还在继续理论研究当中。一维和二维模型则可根据研究区域的情况适当选择,并可以满足一般应用要求的精度。

(2)按水域类型,可把水质模型分为河流水质模型、河口水质模型、湖泊(水库)水质模型以及海洋水质模型。其中河流水质模型研究比较成熟,有较多成果,且能更加真实地反映实际水质行为,因此应用比较普遍。

(3)根据水体的水力学和排放条件是否随时间变化,可以把水质模型分为稳态水质模型的和非稳态水质模型。对于这两类模型,其研究的主要任务是模型的边界条件,即在何种条件下水质能够尽可能处于较好状态。稳态水质模型可以用于模拟水质的物理、化学和水力学过程,而非稳态水质模型则用于计算径流、暴雨过程中水质的瞬时变化。

3.2.1.2 建模步骤

(1)使水质系统概念化,即确定模型的构思、拟定数学表达式及其解。

(2)进行模型参数的估值,并用建立模型的试验数据,检验估算结果。

(3)验证模型,即用未参予建立模型的其他试验数据,对模型预报能力作验证。现在已有相当数量的各种类型的水质模型,可根据研究对象和目的,以"水质模型的选择"来代替步骤(1)。

3.2.1.3 水质模型模拟的物质

水质模型模拟的物质一般有耗氧有机物、悬移质和无机盐、重金属(如铅、汞、镉等元素)、营养物质(如磷、氮等)、热水、合成有机化合物、除草剂、杀虫剂、毒气剂、放射性物质、浮游植物等。

3.2.1.4 研究与应用

水质模型能提供污染物排放与水体水质的定量关系,广泛应用于水质管理与控制工程,是改善与治理水污染的计算工具。

主要应用研究包括计算水环境容量、制定水污染物排放标准、开展水质预测和水质预报、进行水质规划与管理等方面。

3.2.2 河流水质模型

河流水质模型描述污染物质进入河流后随河水流动的稀释、扩散等物理运动,以及伴随着发生的化学与生物化学等现象,是定量研究河流水污染的重要计算工具。

3.2.2.1 零维水质模型

水力学条件:恒定均匀流、排污量恒定。

1. 污染物为保守物质(不分解、不沉淀)

河流的流量为 Q,含有污染物浓度为 c_h,当有污水以 Q_p 的流量且污染物浓度为 c_p 排入时,我们可以认为汇流后,下游的污染物浓度为两部分浓度按照流量加权平均,也可理解为所有污染物的量重新在 $Q + Q_p$ 的水量上进行分配,显然可得:

$$c = \frac{Qc_h + Q_pc_p}{Q + Q_p} \tag{3-31}$$

式中:c 为汇流后污水均匀混合后的污染物浓度。

2. 污染物为非保守物质

对于非保守物质,可在此基础上进行适当削减,如下式:

$$c = \frac{(1 - k)(Qc_h + Q_pc_p)}{Q + Q_p} \qquad (3\text{-}32)$$

式中:k 为污染物综合衰减系数,可根据河段进出口断面及排污口水质监测资料和水文资料反求。

3.2.2.2 一维水质模型

1. 污染物为可降解非保守物质

假定:①污染物浓度只沿水流方向变化,忽略横向与垂向的对流扩散;②由生化作用引起的污染物降解符合一级动力衰减规律;③河流为均匀流;④平均污染物浓度和纵向离散系数 E_L 均不随时间变化。

一维河流水质稳态模型的基本微分方程为:

$$u\frac{dc_x}{dx} = E_L\frac{d^2c_x}{dx^2} - kc_x \qquad (3\text{-}33)$$

式中:u 为纵向平均流速;k 为污染物综合衰减系数。

该方程为二阶线性常微分方程。若取坐标原点在排污口,则边界条件为在 $x = 0$ 时,污染物平均浓度为 $c_x = c_0$,求解该方程即可得到一维水质模型为:

$$c_x = c_0\exp\left[\frac{u}{2E_L}\left(1 - \sqrt{1 + \frac{4kE_L}{u^2}}\right)x\right] \qquad (3\text{-}34)$$

若忽略纵向离散作用,则

$$c_x = c_0\exp\left(-k\frac{x}{u}\right) \qquad (3\text{-}35)$$

式中:c_x 为距原点 x 距离后的污染物浓度,mg/L;c_0 为起始断面($x = 0$)处污染物浓度,mg/L;u 为河流平均流速,m/s;x 为纵向距离,m;E_x 为河段纵向离散系数,m²/s;k 为污染物综合衰减系数,1/s。

当遇到瞬时突发排污时,污染事故水质预测,可按下式预测河流断面水质变化过程:

$$c(x,t) = c_h + \frac{W}{A\sqrt{4\pi E_L}}\exp(-kt)\exp\left[-\frac{(x - ut)^2}{4E_Lt}\right] \quad (3\text{-}36)$$

式中:$c(x,t)$ 为距瞬时污染源 x 处 t 时刻的断面污染物浓度,mg/L;W 为瞬时污染源总量,g;A 为河流断面面积,m^2;t 为流经时间,s;其余符号意义同前。

2. 污染物为不可降解保守物质

污染物的稀释混合为决定污染物浓度的主要因素,可得恒定流条件下另一种形式的水质模型:

$$c_{max} = c + (c_2 - c)\exp(-\alpha\sqrt[3]{x}) \tag{3-37}$$

式中:c_2 为排入水体的污水中的污染物浓度,mg/L;c_{max} 为计算断面最大可能污染物浓度,mg/L;c 为完全混合后的污染物浓度,mg/L;x 为排污口至计算断面的距离,m;α 为水力参数。

3.2.2.3 二维水质模型

对于具有较大宽深比的河段,可采用二维水质模型预测混合过程中的水质情况。

目前,有很多类型的水质模型可以用来解决实际问题,但水质模型的复杂程度有较大的差别,这就需要从工程应用角度,对各种模型进行选择,避免模型过分复杂,力求简单实用。另外,目前用于解决污染物点源排放问题的水质模型应用较广,随着水处理技术的发展,点源的污染问题逐渐减小,而非点源(包括线源和面源)污染和来自农业、城市的雨水径流污染问题显得越来越突出。

3.2.2.4 BOD－DO 模型

生化需氧量(BOD)和溶解氧(DO)是反映水质受到有机污染程度的综合指标。当有机污染物排入水体后,BOD 浓度便迅速上升。水体中的水生植物和微生物吸取有机物并分解时,消耗水中溶解氧使 DO 值下降。与此同时,水生植物的光合作用要放出氧气,空气也不断向水中补充溶解氧量,因此微生物吸取 BOD 的过程是在耗氧和复氧同时作用下进行的,所以将 BOD、DO 作为有机污染综合指标建立最为常见的 BOD－DO 有机污染水质模型。

1. 单一河段 BOD－DO 模型(S－P Model)

此模型适用于单一河流、单个排污口以下河段的水质模拟。

假设:①只考虑好氧分解引起的 BOD 衰减反应是一级反应;②BOD衰减反应速率 = DO 减少速率;③复氧速率与亏氧量 $D(D = DO_s - DO)$ 成正比,亏氧速率是耗氧速率和复氧速率的代数和;④忽略河流水体的扩散作用。

一维河流输移方程可简化成如下水质模型的微分形式:

$$\left.\begin{array}{l} \dfrac{\mathrm{d}B}{\mathrm{d}t} = -k_1 B \\[3mm] \dfrac{\mathrm{d}D}{\mathrm{d}t} = k_1 B - k_2 D \end{array}\right\} \tag{3-38}$$

式中:B 为断面平均 BOD_5 浓度,mg/L;D 为断面平均亏氧浓度,mg/L,即为实测水温时的饱和溶解氧 DO_s 与实测断面溶解氧 DO 之差;k_1 为耗氧速度常数,1/d,20 ℃时,可取 $k = 0.23/\mathrm{d}$;k_2 为复氧速度常数,1/d。

BOD 衰减方程: $\qquad B_t = B_1 \exp(-k_1 t) \tag{3-39}$

亏氧方程:$D_t = \dfrac{k_1 B_1}{k_2 - k_1} [\exp(-k_1 t) - \exp(-k_2 t)] +$

$$D_1 \exp(-k_2 t) \tag{3-40}$$

式中:D_1、B_1 分别表示起始时刻(或上断面)的亏氧量(mg/L)和 BOD_5 值(mg/L);B_t、D_t 为任一时刻 t 时的 BOD_5 值(mg/L)和亏氧值(mg/L);t 为水流从河段上游断面流至下游断面的时间,d。

对于河流任一下游断面,S - P 水质模型则为另一形式:

BOD 衰减方程: $\qquad B_x = B_1 \exp(-k_1 x/u) \tag{3-41}$

亏氧方程:$D_x = \dfrac{k_1 B_1}{k_2 - k_1} [\exp(-k_1 x/u) - \exp(-k_2 x/u)] +$

$$D_1 \exp(-k_2 x/u) \tag{3-42}$$

式中:x 为任一断面距起始断面间的距离;u 为河流纵向平均流速。

显然式(3-39)、式(3-40)中的时间 $t = x/u$ (d)。

耗氧常数和复氧常数可利用某一河段进出口的 BOD 和 DO 的实测值用下述公式计算:

（1）水温为 20 ℃时：

$$k_1 = \frac{1}{t}\ln\frac{B_1}{B_2}, \quad k_2 = \frac{1}{t}\ln\frac{D_1}{D_2} \tag{3-43}$$

式中：t 为水流流经河段时间，d；B_2、D_2 为河段下游断面的 BOD_5（mg/L）和亏氧值（mg/L）。

（2）水温为 T 时：

$$k_1(T) = k_1 \times 1.047^{T-20}, \quad k_2(T) = k_2 \times 1.015\,9^{T-20} \tag{3-44}$$

因为亏氧值降至最低，水质恶化最严重的临界点亏氧量满足 $\dfrac{\mathrm{d}D}{\mathrm{d}t} = 0$，故临界点亏氧量和出现时间可由下式确定：

临界亏氧量：
$$D_c = \frac{k_1}{k_2}B_1\exp(-k_1 t_c) \tag{3-45}$$

临界点出现时间：
$$t_c = \frac{1}{k_2 - k_1}\ln\left\{\frac{k_2}{k_1}\left[1 + \frac{D_1(k_2 - k_1)}{B_1 k_1}\right]\right\} \tag{3-46}$$

临界点出现的位置：$x_c = t_c u$

如果已绘制氧垂曲线，则 t_c、x_c、D_c 可由氧垂曲线直接查出。

在实际工作中，既有已知初始条件以确定最不利状态的问题，也有给定最不利状态要求反求允许初始条件的问题。

2. 具有多支流和排污口的河流 BOD - DO 模型

（1）河段划分。进行河流水质预测时，首先要选定合适的水质数学模型。一般河流较长时都需要按模型适用条件，根据河道的地形、水文地理和生化特性以及各排污口位置，将河流沿流向分为若干河段。一般支流入口和排污口常作为河段划分的节点，尽量使每一河段内的水文要素、水质参数基本一致，耗氧和复氧强度变化不大。

（2）河段水质模型。当河流依河道特性和排污口位置分成若干河段后，在每一河段中如忽略扩散项、沉淀吸附项，则该河段内的 BOD_5 和 DO 的变化可用如下差分方程表示：

对于 BOD 值：
$$B_2 = B_1\left(1 - 0.011\,6\frac{k_1 x}{u} + 0.011\,6B\frac{B^*}{B_1 Q}\right)\alpha \tag{3-47}$$

对于 DO 值:$c_2 = c_1 \left[1 - 0.011\,6\, \dfrac{(k_1 B_1 - k_2 D_1) x}{c_1 u} + \right.$

$$\left. 0.011\,6\, \frac{C^*}{c_1 Q} \right] \alpha \tag{3-48}$$

式中:x、u 分别为河段长度(km)和平均流速(m/s);B^*、C^* 分别为河段 BOD_5 值和 DO 值的旁侧入流量,kg/d;α 为河流稀释比 $\alpha = \dfrac{Q}{Q+q}$;q 为河段旁侧入流量,m^3/s。

在已知各河段距离、流速、起始断面的 BOD 和 DO 值、k_1、k_2 以及各支流或排污口的旁侧流量 q、排污量 B^*、C^* 的情况下,即可按式(3-47)、式(3-48)求得起始断面以下各断面的 BOD 和 DO 值。

3. 河流水质模型中参数的选择

(1)扩散系数 E 的基本形式:

$$E = \alpha h u_* \tag{3-49}$$

式中:$u_* = \sqrt{ghJ} = \dfrac{n\sqrt{g}}{h^{1/6}} u$;$h$ 为河流平均水深;n 为河流糙率;α 为系数,不同方向的 α 值不同。

(2)横向扩散系数 E_z 的确定:顺直河段:$E_z = 0.145 h u_*$,灌溉渠道:$E_z = 0.245 h u_*$,弯曲河段:$E_z = 0.6 h u_*$。

(3)纵向离散系数 E_L 的估值。由于纵向离散作用远大于纵向扩散作用,故常称实测纵向系数为纵向离散系数,其近似公式为:

$$E_L = 0.011 \frac{u^2 B^2}{h u_*} \tag{3-50}$$

(4)耗氧系数的确定。k_1 值受河道水文条件和水中生物影响,各河段往往不同,选择宜慎重。

实测两点法:

$$k_1 = \frac{1}{\Delta t} \ln \frac{B_1}{B_2} \tag{3-51}$$

式中:Δt 为河水流经上、下断面时间,d;B_1、B_2 为上、下断面 BOD_5 浓度,mg/L。

(5)复氧系数的估值。复氧速率主要取决于水体中溶解氧的亏损 D 和水流紊动作用。

差分复氧公式法

$$k_2 = k_1 \frac{\overline{B}}{\overline{D}} - \frac{\Delta D}{2.3\Delta t \overline{D}} \tag{3-52}$$

式中:k_1、k_2 分别为耗氧系数和复氧系数,1/d;$\overline{B}$、$\overline{D}$ 分别为上、下两断面 BOD_5 和氧亏值 D 的平均值,mg/L;ΔD 为上、下两断面氧亏值之差,mg/L;Δt 为上、下两断面流经时间差,d。

S – P 公式法。Streeter 和 Phelps 提出复氧系数计算式为:

$$k_2 = C \frac{u^\alpha}{h^2} \tag{3-53}$$

式中:C 为谢才系数,其值为 13 ~ 24 $m^{1/2}/s$;α 为指数,取值为 0.57 ~ 5.40;h 为最低水位以上的平均水深,m。

3.2.3 湖、库水质模型

对于水域宽阔的大型湖、库,当其主要污染物来自某些入湖河道或沿湖厂矿时,污染往往出现在入湖口附近水域,形成一个圆锥形扩散,如图 3-1 所示。因而需要把废水在湖、库中的稀释扩散作用作为不均匀混合型来处理。废水在湖水中的稀释扩散现象很复杂,由于水面开阔且应考虑风浪等因素影响,在确立湖、库水质模型时,多采用圆柱坐标,此时即为一维扩散问题。

根据湖水的对流扩散过程,按照质量守恒原理,可得到大湖扩散模型的基本方程:

$$\frac{\partial c}{\partial r} = \left(E - \frac{q}{\phi H}\right)\frac{1}{r}\frac{\partial r}{\partial t} + E\frac{\partial^2 r}{\partial t^2} \tag{3-54}$$

式中:q 为排入湖中的废水量;r 为计算点至排污口的距离;E 为径向紊流扩散系数;H 为废水扩散区平均水深;ϕ 为废水在湖中的扩散角。

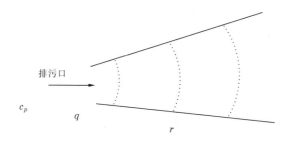

图3-1 湖边排污口附近扩散现象

对于持久性污染物,在稳定、无风的条件下,积分得到

$$c = c_p - (c_p - c_{r_0})\left(\frac{r}{r_0}\right)^{\frac{q}{\phi HE}} \tag{3-55}$$

式中:c_0 为在 $r = r_0$ 处的污染物浓度值。

3.3 水环境容量

3.3.1 水环境容量的基本概念

水环境容量是指在满足水环境质量标准的要求下,水体容纳污染物的最大负荷量,因此又称做水体负荷量或纳污能力。一般是以环境目标和水体稀释自净规律为依据的。

水环境容量应用于以下几个方面:

(1)制定地区水污染物排放标准。

(2)在环境规划中的应用。

(3)在水资源综合开发利用规划中应用。

总之,水环境容量主要应用于水环境质量控制,水环境容量的确定是水环境质量管理与评价工作的前提,也是水资源保护工作的前提。

3.3.2 水环境容量的推求

水环境容量的推求同样是以污染物在水体中的输移扩散规律以及水质模型为基础的,是对污染物基本运动规律的实际应用。水环境容量的计算,从本质上讲,就是由水环境标准出发,反过来推求水环境在此标准下所剩的污染物允许容纳余量,其中包含了在总量控制的情况下,对纳污能力的估算和再分配。

3.3.2.1 河流水环境容量

1. 中小型河流的水环境容量

条件与假设:上游来污量稳定,设计枯水流量 Q_0,污染物呈线性衰减。

对于上游来污量稳定,即来水污染物浓度可视为常数,河段内污染物的离散、沉降可以忽略不计的情况,一元水质基本方程可用来推求水环境容量。为了简化,这里假设污染物呈线性衰减,并且从控制污染的安全角度考虑,选用设计枯水流量 Q_0,选用按排污口布置的方式,水环境容量可分为:

(1)只有一个排污口(单点)的河段水环境容量排污口在河段下游时:

$$W_p = 86.4\left(\frac{c_N}{\alpha} - c_0\right)Q + k\frac{x}{u}c_0 Q \qquad (3-56)$$

式中:W_p 为单点河段水环境容量,kg/d;α 为稀释流量比(清污流量比),$\alpha = \dfrac{Q}{Q+q}$;c_0、c_N 分别为上游来水的污染物浓度和水质标准,mg/L;k 为污染物衰减系数,1/d,对于难以降解的污染物可取 $k=0$;x、u 分别为河段纵向距离(km)和平均流速(m/s)。

一般地

$$k = \frac{1}{\Delta t}\ln\frac{c_0}{c} \qquad (3-57)$$

式中:Δt 为水流流经河段时间;c 为流经下断面的污染物浓度。

式(3-56)右端第一项代表的即是差值容量,而第二项则代表同化容量。

如果排污口在河段上游则水环境容量计算式为:

$$W_p = 86.4\left(\frac{c_N}{\alpha} - c_0\right)Q + k\frac{x}{u}c_N(Q + q) \qquad (3-58)$$

(2)有多个排污口(多点)的河段水环境容量。污染物浓度沿程变化,分析可得:

$$\sum W_p = 86.4(c_N - c_0)Q_0 + kc_0Q_0\frac{\Delta x_0}{u_0} + 86.4c_N\sum_{i=1}^{n}q_i +$$

$$c_N\sum_{i=1}^{n-1}\left(k\frac{\Delta x_i}{u_i}Q_i\right) \qquad (3-59)$$

式中:Q_i 为各断面总流量,$Q_i = Q_{i-1} + q_i$;u_i 为各断面平均流速;u_0 为起始断面平均流速;Δx_i 为各排污口断面间距离;Δx_0 为第一流段长度;Q_0 为原河道起始断面流量;其余符号意义同前。

(3)河段两岸均匀排污时的最大容量:

$$W_{pmax} = 86.4(c_NQ_n - c_0Q_0) + \frac{Q_0 + Q_n}{2}c_Nk\frac{x}{u} \qquad (3-60)$$

式中:Q_n 为河段终端流量。

2. 大河流水环境容量

特点:宽深比和流量较大,污水沿岸边形成污染带,污染带的浓度及宽度与河流动力特性(流速、流态)和边界特性(平面形态,横断面形态)有关。

大河流一般宽深比、流量较大,流速较高。由岸边排污口泄入河中的污水流量相对很小。同时,污染带的浓度及宽度都与污染物的横向扩散密切相关,横向扩散越强,河流的稀释自净能力就越强。

在诸多河道特性中,岸坡坡度、水深、流速对横向扩散影响较大。大河流的环境容量不但要考虑河道流量变化和相应横向扩散特性,而且必须考虑河段的保护范围和相应的环境目标。因此,需要进行多种控制污染的组合方案的比较,才能最终确定其水环境容量。

污染带岸边控制点浓度的确定方法如下：

对于排污口为连续点源岸边排放（考虑边界反射影响），污染带内任一点的浓度可由二维移流扩散方程简化推得（适用于均匀紊流）：

$$c(x,z) = \frac{2m}{u_x \sqrt{4\pi E_z x/u_x}} \exp\left(-\frac{u_x z^2}{4E_z x}\right) \quad (3\text{-}61)$$

如采用岸边浓度控制，则岸边 $z = 0$，考虑一次反射影响，岸边浓度为：

$$c(x,0) = \frac{2m}{u_x \sqrt{4\pi E_z x/u_x}} \quad (3\text{-}62)$$

式中：m 为污染物投放率，即沿单位水深污染物平均投放量，g/s，可用 $m = \frac{q_0 c_0}{h}$ 表达，h 为河道水深，q_0、c_0 分别为排污口污水流量和浓度；x、z 分别为沿水流方向和沿河宽方向的纵、横坐标；E_z 为横向剪切离散系数。

3. 水环境容量的 m 值计算法

特点：是浓度控制法的改进与总量控制法的简化。

这种简化计算方法既是浓度控制法的改进（直接推求允许排放浓度），也是总量控制法的简化。此方法从河段水环境质量标准出发，根据河段水量与混合物的质量守恒原理，推求河段内各排污口允许排放浓度，同时规定出排污流量。它适用于确定受毒性较小的污染物和其他有机污染物影响的水环境容量，即确定这些污染物的排放标准。

若取 c_N 为符合环境要求的水质标准（浓度），并令 $Q/q = \gamma$，$c_0/c_N = \beta$，符合水环境要求的允许排放浓度即为：

$$c_d' = c_N(1 + \gamma - \gamma\beta) \quad (3\text{-}63)$$

再令 $m = 1 + \gamma - \gamma\beta$，则：$c_d' = mc_N$。

式（3-63）只适用于 $\beta \leqslant 1$ 的情况，表面看这似乎只是对排放浓度的控制，而实质上对污水排放流量的控制已隐含在确定 m 值过程中,即由清污水流量比 γ 来控制 q 值。

当河段中有多个排污口相距又不太远时,可把它们合并为一个排污口考虑。总污水控制流量就是各排污口控制流量之和,即 $q = q_1 + q_2 + \cdots + q_n$;而各排污口排放浓度控制都用相同的 c'_d 值。

m 值计算法没有直接考虑衰减作用,但从 $c_d = c_N + (c_N - c_0)Q/q$ 中可以看出:此式右端第二项反映了由流量比 Q/q 控制的稀释作用,即允许 c'_d 超过 c'_N 的值是通过控制排污流量 q 来实现的。

当 $q = Q$ 时,$c_d = 2c_N - C_0$;当 $q \gg Q$ 时,$c_d = c_N$,即排污标准必须达到水质控制标准:

$$W_p = c'_d q \Delta t = 86.4 c'_d q \tag{3-64}$$

4. 河段环境容量与排污口排放限量的确定

1)工作步骤

(1)对河流使用价值的历史与现状以及河流污染源和污染现状进行综合调查与评价。

(2)将河流按自然条件与功能划分为若干河段作为水环境目标(对象)。

(3)根据污染现状,分析找出造成河流污染的主要污染物作为水质参数。它们是选择河段排放标准的依据,故应具有较强的代表性。一般可选 DO、COD、BOD 和酚等。

(4)根据各河段水环境目标,按国家水环境质量标准确定各河段水质标准。

(5)确定各排污口河段的设计安全流量,一般取 10 年一遇的最枯月平均流量或连续七日最枯平均流量,此值选择是否合适将直接影响排放总量与污染物排放限量的确定。

(6)计算河流水环境容量。先确定计算模式与系数估算方法,然后计算各河段现有各排污口的河流点容量及其总和。

(7)对不同排放标准方案的经济效益和可行性进行对比分析,选择最优方案,从而确定河流排污削减总量和各排污口的合理分摊率。

(8)按照最优排放方案,对河段进行水质预测,即预测执行排放标准后的河段水质状况。

2)削减总量的计算和分配

削减总量:

$$W_k = W^* - \sum W_p \qquad (3\text{-}65)$$

式中:W^* 为河段中各排污口每日入河的污染负荷总量,即现实排污总量,kg/d;$\sum W_p$ 为河段中各排污口的河流点容量之和,kg/d。

当 $W^* < \sum W_p$ 时,$W_k < 0$,说明还有一部分水环境容量未被利用,除留 10% ~20% 作为安全容量外,余量可作为今后工农业和城镇发展之用;当 $W^* > \sum W_p$ 时,$W_k > 0$,说明该河段应削减的排污量为 W_k。各排污口应分担削减的量可按各处的污染负荷比进行加权分配,即某排污口应削减量为:

$$W_{ki} = W_k \frac{W_i^*}{W^*} \qquad (3\text{-}66)$$

式中:W_i^* 为某排污口每日入河的污染负荷,kg/d。

实际上在进行削减总量分配时,还要考虑其他一些因素的影响,例如,环保部门有时要根据社会政治因素和环保技术政策对计算的分配额作适当调整;有时根据各排污口处理污水所需费用的经济分析比较,也会对分配额作适当调整,以求取得最佳经济效益的方案。

3.3.2.2　湖泊、水库水环境容量的推求

1. 单点排污非均匀混合型湖泊、水库水环境容量

如果湖泊或水库只有一个排污口,而且在其附近水域中无其他污染源,就可以按单点污染源废水稀释扩散法推求排入湖泊、水库废水的允许排放量即环境容量。湖泊、水库水体与河流有很大不同,计算前需要确定以下各参数:

(1)排污口附近水域的水环境标准 c_N(根据该区域水体主要功能和主要污染物确定)。

(2)自排污口进入湖泊、水库的污水排放角度 ϕ(以弧度计)。

若在开阔岸边垂直排放可取 $\phi = \pi$，湖心排放可取 $\phi = 2\pi$。

（3）自排污口排出后，废水在湖中允许稀释距离 $r(\mathrm{m})$。

（4）按一定保证率（90%～95%）的湖泊、水库月平均水位，确定相应水位下的湖泊、水库设计容积，再推求相应废水稀释扩散区的平均水深 $H(\mathrm{m})$。

（5）水体自净系数 K 由现场调查和试验确定。

计算单点排污口允许排放浓度 c'_d 的公式为：

$$c'_d = c_N \exp\left(\frac{k\phi H}{2q}r^2\right) \tag{3-67}$$

式中：q 为排污口日排放废水量，m^3/d；c_N 为湖泊、水库水质标准；其余符号意义同前。

计算允许排放总量（水环境容量）公式为：

$$W_p = c'_d q \tag{3-68}$$

进入湖泊、水库污染物排放量若仍以 $W^* = cq$ 表示，则需削减的排放量为：

$$W_k = W^* - W_p \tag{3-69}$$

2. 多点均匀混合型湖、库水环境容量

一般小型（浅水）湖泊、水库容量和径流量都较小，污水进入水体后容易混合，使水域各处浓度差异不大，这类水体称为均匀混合型。而大型（深水）湖泊、水库水域宽阔，容积很大，污水进入水体后的稀释、扩散过程常为分层型不均匀混合。当湖泊、水库周界上有多个排污口时，应首先确定水体是均匀混合型还是分层混合型，从而采取不同的计算方法。类型判别时，除应参考水温是否分层外，主要还必须通过现场调查和水质监测资料的分析来确定。这里仅介绍多点均匀混合型湖泊、水库水环境容量的推求方法。

求解步骤如下：

（1）确定：①按（90%～95%）保证率相应湖泊、水库最枯月平均水位，相应湖泊、水库容积和平均深度；②枯水季节降水量和年降水量；③枯水季节入湖泊、水库地表径流量与年地表径流量；④各排污口污水排放量(m^3/d)和排放的主要污染物种类、浓度;⑤湖泊、水库面水质监测点的布设情况与监测资料。

（2）进行湖泊、水库水质现状评价,以该水域主要功能的水环境质量要求作为评价标准;确定需要控制的污染物浓度和相应的措施。

（3）根据湖泊、水库用水对水质的要求和适宜的湖泊、水库水质模型,对所需控制的那些污染物的允许负荷量（环境容量）进行计算:

$$\sum W_p = c_s' \left(\frac{HQ}{V} + 10 \right) A \qquad (3\text{-}70)$$

式中:$\sum W_p$ 为对某污染物的允许负荷量,kg/年;c_s' 为水体对该污染物的允许排放浓度,g/m^3;Q 为进入湖泊、水库的年水量,包括入湖泊、水库地表径流、污水和湖面降水,万 $m^3/$年;V、H、A 分别为 90% ~95% 保证率的最枯月平均水位相应的湖库容积（万 m^3）、平均水深（m）、湖面面积（万 m^2）。

（4）将推算的湖库水环境容量 W_p 与入湖污染物实际排入量 W^* 比较,判别是否需要削减入湖污水排放量,如果需要削减,可参见本节前述。

3. 安全容积法

许多研究资料表明:湖泊、水库水环境容量主要与其蓄水量（容水体积）有关。因此,防止水体污染就必须保证有一定的安全库容。这样才能使湖泊、水库水体发挥其净化功能,使水体中污染物控制在安全水平以下。通常把这种安全库容,即实际入湖泊、水库负荷量等于该水体最大容许负荷量时的湖泊、水库蓄水量,称为防止污染的临界库容（临界库容是满足水库环境容量要求的水库最小水体体积）。当污染负荷超过环境容量要求时,通过提高库水位,增加临界库容,直至达到水库环境容量要求。

湖泊、水库水体的环境容量也可按能维持某种水环境质量标准的污染物排放总量进行计算。取枯水期湖泊容积等于安全容积,则其计算公式为:

$$W = \frac{1}{\Delta t}(c_N - c_0)V + kc_NV + c_Nq \qquad (3\text{-}71)$$

式中:W 为湖泊水体环境容量,g/d;Δt 为枯水期时间,d,它取决于湖水位年内变化情况,若水位年内变幅较大,Δt 取 $60 \sim 90$ d,若湖水位常年稳定,Δt 取 $90 \sim 150$ d;c_N 为某污染物的水环境质量标准浓度,mg/L;c_0 为湖中该污染物的起始浓度,mg/L;V 为湖泊的安全容积,m^3;q 为在安全容积期间,从湖泊排出的流量,m^3/d;k 为湖泊污染物质自然衰减系数,1/d,k 值可从实测资料中反推求:

$$k = \frac{P\Delta t + M_0 - M}{\Delta t M_0} \qquad (3\text{-}72)$$

式中:P 为每日进入湖泊的污染物质量,kg/d;$P\Delta t$ 为 Δt 时段内进入的污染物质总量,kg;M_0 为起始时水体污染物质总量,kg;M 为时段末水体污染物质总量,kg。

k 值也可由试验确定:

$$k = \frac{1}{\Delta t}\ln\frac{c_0}{c} \qquad (3\text{-}73)$$

式中:Δt 为试验时段,d;c_0 为起始时的污染物浓度,mg/L;c 为经过 Δt 时段后的污染物浓度,mg/L。

湖泊、水库、河流等水体的水环境容量确定之后,便可以进行水质管理、水环境质量评价与水资源保护规划等工作。

第 4 章　水环境监测

4.1　水质监测概述

4.1.1　概念

水质监测是进行污染防治和水资源保护的基础,是贯彻执行水环境保护法规和实施水质管理的依据。水质监测是在水质分析的基础上发展起来的,是对代表水质的各种标志数据的测定过程。

4.1.2　目的

水质监测的目的如下:

(1)提供代表水质质量现状的数据,供评价水体环境质量使用。

(2)确定水体中污染物的时空分布状况,追溯污染物的来源、污染途径、迁移转化和消长规律,预测水体污染的变化趋势。

(3)判断水污染对环境生物和人体健康造成的影响,评价污染防治措施的实际效果,为制定有关法规、水环境质量标准、污染物排放标准等提供科学依据。

(4)为建立和验证水质污染模型提供依据。

(5)探明污染原因、污染机制以及各种污染物质,进一步深入开展水环境及污染的理论研究。

4.1.3　过程

水质监测过程包括:布设站网,选择采样技术、监测项目、方法,进行分析测试、数据处理和监测成果管理,为保证监测资料的代表性、可比性和可靠性,在监测过程中必须实行实验室内部和外部质量控制。

4.2 水质监测站网

水质监测站网是在一定地区,按一定原则,用适当数量的水质测站构成的水质资料收集系统。根据需要与可能,以最小的代价,最高的效益,使站网具有最佳的整体功能,是水质站网规划与建设的目的。

目前,我国地表水的监测主要由水利和环保部门承担。

水质监测站进行采样和现场测定工程,是提供水质监测资料的基本单位。根据建站的目的以及所要完成的任务,水质监测站又可分为如下几类:

(1)基本站。通过长期的监测掌握水系水质动态,收集和积累水质的基本资料。

(2)辅助站。配合基本站进一步掌握水系水质状况。

4.3 监测断面(点)的设置

4.3.1 监测断面布设原则

在布设监测断面前,应查清河段内生产和生活取水口位置及取水量、工作废水和生活污水排放口位置、污染物排放种类和数量、河段内支流汇入和水工建筑物(坝、堰、闸等)情况。从掌握水环境质量状况的实际需要出发,根据污染物时空分布变化规律,选择优化方案,力求以最少的断面、垂线和测点,取得代表性好的样品,能比较真实地反映水体水质的基本情况。为此,应考虑以下几个方面:

(1)选择监测断面位置时,应避开死水区,尽量选择顺直河段、河床稳定、水流平缓、无急流险滩的地方。

(2)应考虑河道及水流特性、排污口位置、排污量和污水稀释扩散情况。

(3)采样断面力求与水文测流断面一致,以便利用水文参数,实现水质与水量的结合。

采样断面一经确定,应设置固定的标志,若无天然标志,则应设立石柱、石桩等,人工标记、标志设置后不得随意变动,以保证不同时期水质分析资料的可比性和完整性。

4.3.2 监测断面及采样点的布设

4.3.2.1 河段监测断面的布设

流经城市和工业区的一般河段应设置以下三种类型的监测断面。

(1)对照断面。在河流进入城市或工业区以前的地方,避开工业废水、生活污水流入或回流处,设置对照断面,一个河段只设一个对照断面。

(2)控制断面。一个河段上控制断面的数目应根据城市的工业布局和排污口分布情况而定。一般设在主要排污口下游 500~1 000 m 处及较大支流汇入口下游处。

(3)削减断面。削减断面是指废水、污水汇入河流,流经一定距离与河水充分混合后,水中污染物的浓度因河水的稀释作用和河流本身的自净作用而逐渐降低,其左、中、右三点浓度差异较小的断面。一般认为,应设在城市或工业区最后一个排污口下游 1 500 m 远的河段。

4.3.2.2 湖泊、水库监测断面的布设

湖泊、水库监测断面的布设应按不同部位的水域,如进水区、出水区、深水区、浅水区、湖心区等,同时结合水文特性及水体功能(如饮用水取水区、娱乐区、鱼类产卵区)要求等情况确定。通常,进出湖(库)口及河流入汇处必须设置控制断面。若有污水排入,则应在排污口下设置 1~2 个监测断面进行控制。湖泊、水库中心一般受外来污染影响最小,可作为湖泊、水库水质背景值参考,也是水质控制重要采样点之一。若湖泊、水库无明显功能分区,可按辐射法或网格法均匀设置。

4.3.2.3 采样点的布设

河流、湖泊、水库各采样垂线的采样点设置应根据水深、污染情况及监测要求而定。在一般情况下,采样垂线和采样点层次可按表4-1及表4-2确定。

表4-1 河流监测垂线布设

水面宽(m)	一般情况	有岸边污染带	说明
<100	一条(中泓)	三条(增加岸边两条)	若仅一边有污染带,则只增设一条垂线
100~1 000	三条(左、中、右),左、右两条设在水流明显处	三条(左、右两条应设在污染带中部)	若水质良好,且横向浓度一致,可只设一条中泓线
>1 000	三条(左、中、右),左、右两条设在水流明显处	五条(增加岸边两条,设在污染带中部)	河口处应酌情增设

表4-2 采样点层次

水深(m)	采样层次	说明
<5	上层	指水面下0.5 m处;当水深不足0.5 m时,在水深1/2处采样
5~15	上、下层	下层指(湖、库)底以上0.5 m处
>15	上、中、下三层	中层指1/2水深处

4.4 监测项目及监测频率的确定

4.4.1 监测项目

监测项目包括水文和水质两大类。前者主要是水文测量,包括断面形状实测及流速、流量、水位、流向、水温等内容,并记录天气情况。水文测量一般应与水质监测同步进行,水文测量的断面也应与水质监测断面吻合。但断面数量可视具体情况适当减少,以基本能反映河流的水量平衡为原则,具体技术要求应遵循水文测量技术规范。在已经设置水文站的地方,则可应用水文站的连续测量资料。

水质监测项目的选择以能反映水质基本特征和污染特点为原则。一般的必测项目有 pH 值、总硬度、悬浮物含量、电导率、溶解氧、生化耗氧量、三氮(氨氮、亚硝酸盐氮、硝酸盐氮)、挥发酚、氰分物、汞、铬、铅、镉、砷、细菌总数及大肠肝菌等。各地还应根据当地水污染的实际情况,增选其他测定项目。

4.4.2　监测频率

目前,一般都是按照当地枯、丰、平三个水期进行监测,每期内监测两次。对水文情况复杂、水质变化大的地区,可根据人力、物力以及水污染的实际情况等,适当提高监测频率。有些地区已在主要断面位置设置水质自动连续监测装置,这对于及时掌握水环境质量变化和水环境管理工作将提供很多方便。

4.5　环境标准的概念、作用及体系

4.5.1　概念

环境标准是控制污染、保护环境的各种标准的总称。它是为了保护人群健康、社会物质财富和促进生态良性循环,对环境结构和状态,在综合考虑自然环境特征、科学技术水平和经济条件的基础上,由国家按照法定程序制定和批准的技术规范;是国家环境政策在技术方面的具体体现,也是执行各项环境法规的基本依据。

4.5.2　作用

环境标准在控制污染、保护人类生存环境中所起的作用表现在以下几个方面。

4.5.2.1　环境标准是制订环境规划和环境计划的主要依据

为保护人民群众的身体健康，需要制订环境保护规划，而环境保护规划需要一个明确的环境目标。这个环境目标应当是从保护人民群众的健康出发，使环境质量和污染物排放控制在适宜的水平上，也就是要符合环境标准要求。根据环境标准的要求来控制污染、改善环境，并使环境保护工作纳入整个国民经济和社会发展计划中。

4.5.2.2　环境标准是环境评价的准绳

无论是进行环境质量现状评价，编制环境质量报告书，还是进行环境影响评价，编制环境影响报告书，都需要环境标准。只有依靠环境标准，方能做出定量化的比较和评价，正确判断环境质量的好坏，从而为控制环境质量，进行环境污染综合整治，以及设计确定可行的治理方案提供科学的依据。

4.5.2.3　环境标准是环境管理的技术基础

环境管理包括环境立法、环境政策、环境规划、环境评价和环境监测等。如大气、水质、噪声、固体废弃物等方面的法令和条例，这些法规包含了环境标准的要求。环境标准用具体数字体现了环境质量和污染物排放应控制的界限与尺度。若违背了这些界限，则污染了环境，即违背了环境保护法规。环境保护法规的执行过程与实施环境标准的过程是紧密联系的，如果没有各种环境标准，环境法规将难以具体执行。

4.5.2.4　环境标准是提高环境质量的重要手段

通过颁布和实施环境标准，加强环境管理，可以促进企业进行技术改造和技术革新，积极开展综合利用，提高资源和能源的利用率，努力做到治理污染，保护环境，持续发展。

显然，环境标准的作用不仅表现在环境效益上，也表现在经济效益和社会效益上。

4.5.3　环境标准体系

随着人类社会的进步，尤其是科学技术和经济的发展，以及环境污染对人类的危害状况和人类对环境保护的要求,环境科学也日益发展,环境标准的种类愈来愈多,并且逐渐形成一定的体系。

按照环境标准的性质、功能和内在联系进行分级、分类,构成一个有机整体,称为环境标准体系。各环境标准之间相互联系、互相依存、互相补充,具有配套性。这个体系不是一成不变的,它与各个时期社会经济的发展等相适应,不断变化、充实和发展。

4.5.4 目前我国的环境标准体系

我国目前的环境标准体系,是根据我国国情,总结多年来环境标准工作经验、参考国外的环境标准体系而制的,它分为两级、七种类型。此外,还可分为强制性标准和推荐性标准。

两级为:①国家环境标准;②地方环境标准。

七种类型为:环境质量标准,污染物排放标准,污染报警标准,环境基础标准,环境方法标准,环境标准样品标准,环保仪器设备标准。

现就主要环境标准简述如下:

(1)环境质量标准,是指在一定时间和空间范围内,对各种环境介质(如大气、水、土壤等)中的有害物质和因素所规定的容许含量与要求,是衡量环境是否受到污染的尺度,是环境保护及有关部门进行环境管理、制定污染排放标准的依据。

(2)污染物排放标准,是根据环境质量要求,结合环境特点和社会、经济、技术条件,对污染源排入环境的有害物质和产生的有害因素所做的控制标准,或者说是对排入环境的污染物和产生的有害因素的允许排放量(浓度)或限值。

(3)环境基础标准,是在环境保护工作范围内,对有指导意义的有关名词术语、符号、指南、导则等所作的统一规定。

(4)环境方法标准,是环境保护工作中,以试验、分析、抽样、统计、计算等方法为对象而制定的标准,是制定和执行环境质量标准与污染物排放标准,实现统一管理的基础。

(5)环境标准样品标准,是对环境标准样品必须达到的要求所作的规定。

(6)环保仪器设备标准。为了保护污染物监测仪器所监测数据的可比性和可靠性,保证污染治理设备运行的各项效率,对有关环境保护仪器设备的各项技术要求也编制统一规范和规定。

(7)强制性标准和推荐性标准。凡是环境保护法规、条例和标准化方法上规定的强制执行的标准为强制性标准,如污染物排放标准、环境基础标准、标准方法标准、环境标准样品标准和环保仪器设备标准中的大部分标准均属强制性标准,环境质量标准中的警戒性标准也属强制性标准;其余属推荐性标准。

总之,环境质量标准是环境质量的目标,是制定污染物排放标准的主要依据。污染物排放标准是实现环境质量标准的主要手段和措施,为环境质量服务。环境基础标准是环境体系中的指导性标准,是制定其他各种环境标准的总原则、程序和方法。而环境方法标准、环境标准样品标准和环保仪器设备标准是制定、执行环境质量标准与污染物排放的重要技术根据及方法。它们之间的关系是既互相联系,又互相制约。

4.6　我国常用的一些水环境标准

4.6.1　地表水环境质量标准(GB 3838—2002)

4.6.1.1　制定标准的目的

为贯彻《中华人民共和国环境保护法》和《中华人民共和国水污染防治法》,防治水污染,保护地表水水质,保障人体健康,维护良好的生态系统,制定本标准。

4.6.1.2　标准项目分类

本标准将标准项目分为地表水环境质量标准基本项目、集中式生活饮用水地表水源地补充项目和集中式生活饮用水地表水源地特定项目。

标准项目共计 109 项,其中地表水环境质量标准基本项目 24 项,集中式生活饮用水地表水源地补充项目 5 项,集中式生活饮用水地表水源地特定项目 80 项。

4.6.1.3　标准适用范围

本标准适用于中华人民共和国领域内江河、湖泊、运河、渠道、水库等具有使用功能的地表水水域。具有特定功能的水域,执行相应的专业用水水质标准。

地表水环境质量标准基本项目适用于全国江河、湖泊、运河、渠道、水库等具有使用功能的地表水水域;集中式生活饮用水地表水源地补充项目和特定项目适用于集中式生活饮用水地表水源地一级保护区和二级保护区。集中式生活饮用水地表水源地特定项目由县级以上人民政府环境保护行政主管部门根据本地区地表水水质特点和环境管理的需要进行选择,集中式生活饮用水地表水源地补充项目和选择确定的特定项目作为基本项目的补充指标。

4.6.1.4　水域功能和标准分类

依据地表水水域环境功能和保护目标,按功能高低依次划分为五类:

(1)Ⅰ类:主要适用于源头水、国家自然保护区。

(2)Ⅱ类:主要适用于集中式生活饮用水地表水源地一级保护区、珍稀水生生物栖息地、鱼虾类产卵场、仔稚幼鱼的索饵场等。

(3)Ⅲ类:主要适用于集中式生活饮用水地表水源地二级保护区、鱼虾类越冬场、洄游通道、水产养殖区等渔业水域及游泳区。

(4)Ⅳ类:主要适用于一般工业用水区及人体非直接接触的娱乐用水区。

(5)Ⅴ类:主要适用于农业用水区及一般景观要求水域。

对应地表水上述五类水域功能,将地表水环境质量标准基本项目标准值分为五类,不同功能类别分别执行相应类别的标准值。水域功能类别高的标准值严于水域功能类别低的标准值。同一水域兼有多类使用功能的,执行最高功能类别对应的标准值。实现水域功能类别标准与水功能类别标准为同一含义。

4.6.1.5 标准值

地表水环境质量标准基本项目标准限值见表4-3。集中式生活饮用水地表水源地补充项目标准限值见表4-4。集中式生活饮用水地表水源地特定项目标准限值见表4-5。

表4-3 地表水环境质量标准基本项目标准限值

序号	项目		分类				
			Ⅰ类	Ⅱ类	Ⅲ类	Ⅳ类	Ⅴ类
1	水温（℃）		人为造成的环境水温变化应限制在： 周平均最大温升≤1 周平均最大温降≤2				
2	pH值（无量纲）		6~9				
3	溶解氧（mg/L）	≥	饱和率90%（或7.5）	6	5	3	2
4	高锰酸盐指数（mg/L）	≤	2	4	6	10	15
5	化学需氧量（mg/L）	≤	15	15	20	30	40
6	五日生化需氧量（mg/L）	≤	3	3	4	6	10
7	氨氮（mg/L）	≤	0.15	0.5	1.0	1.5	2.0
8	总磷（mg/L）	≤	0.02（湖、库0.01）	0.1（湖、库0.025）	0.2（湖、库0.05）	0.3（湖、库0.1）	0.4（湖、库0.2）
9	总氮（mg/L）	≤	0.2	0.5	1.0	1.5	2.0
10	铜（mg/L）	≤	0.01	1.0	1.0	1.0	1.0
11	锌（mg/L）	≤	0.05	1.0	1.0	2.0	2.0
12	氟化物（mg/L）	≤	1.0	1.0	1.0	1.5	1.5
13	硒（mg/L）	≤	0.01	0.01	0.01	0.02	0.02

序号	项目		分类				
			Ⅰ类	Ⅱ类	Ⅲ类	Ⅳ类	Ⅴ类
14	砷（mg/L）	≤	0.05	0.05	0.05	0.1	0.1
15	汞（mg/L）	≤	0.000 05	0.000 05	0.000 1	0.001	0.001
16	镉（mg/L）	≤	0.001	0.005	0.005	0.005	0.01
17	铬（六价）（mg/L）	≤	0.01	0.05	0.05	0.05	0.1
18	铅（mg/L）	≤	0.01	0.01	0.05	0.05	0.1
19	氰化物（mg/L）	≤	0.005	0.05	0.02	0.2	0.2
20	挥发酚（mg/L）	≤	0.002	0.002	0.005	0.01	0.1
21	石油类（mg/L）	≤	0.05	0.05	0.05	0.5	1.0
22	阴离子表面活性剂（mg/L）	≤	0.2	0.2	0.2	0.3	0.3
23	硫化物（mg/L）	≤	0.05	0.1	0.2	0.5	1.0
24	粪大肠菌群（个/L）	≤	200	2 000	10 000	20 000	40 000

表 4-4　集中式生活饮用水地表水源地补充项目标准限值（单位：mg/L）

序号	项目	标准值
1	硫酸盐（以 SO_4^{2-} 计）	250
2	氯化物（以 Cl^- 计）	250
3	硝酸盐（以 N 计）	10
4	铁	0.3
5	锰	0.1

表 4-5　集中式生活饮用水地表水源地特定项目标准限值　（单位:mg/L）

序号	项目	标准值	序号	项目	标准值
1	三氯甲烷	0.06	41	丙烯酰胺	0.000 5
2	四氯化碳	0.002	42	丙烯腈	0.1
3	三溴甲烷	0.1	43	邻苯二甲酸二丁酯	0.003
4	二氯甲烷	0.02	44	邻苯二甲酸二（2—乙基己基）酯	0.008
5	1,2—二氯乙烷	0.03	45	水合阱	0.01
6	环氧氯丙烷	0.02	46	四乙基铅	0.000 1
7	氯乙烯	0.005	47	吡啶	0.2
8	1,1—二氯乙烯	0.03	48	松节油	0.2
9	1,2—二氯乙烯	0.05	49	苦味酸	0.5
10	三氯乙烯	0.07	50	丁基黄原酸	0.005
11	四氯乙烯	0.04	51	活性氯	0.01
12	氯丁二烯	0.002	52	滴滴涕	0.001
13	六氯丁二烯	0.000 6	53	林丹	0.002
14	苯乙烯	0.02	54	环氧七氯	0.000 2
15	甲醛	0.9	55	对硫磷	0.003
16	乙醛	0.05	56	甲基对硫磷	0.002
17	丙烯醛	0.1	57	马拉硫磷	0.05
18	三氯乙醛	0.01	58	乐果	0.08
19	苯	0.01	59	敌敌畏	0.05
20	甲苯	0.7	60	敌百虫	0.05
21	乙苯	0.3	61	内吸磷	0.03

序号	项目	标准值	序号	项目	标准值
22	二甲苯①	0.5	62	百菌清	0.01
23	异丙苯	0.25	63	甲萘威	0.05
24	氯苯	0.3	64	溴氰菊酯	0.02
25	1,2—二氯苯	1	65	阿特拉津	0.003
26	1,4—二氯苯	0.3	66	苯并(a)芘	2.8×10^{-6}
27	三氯苯②	0.02	67	甲基汞	1.0×10^{-6}
28	四氯苯③	0.02	68	多氯联苯⑥	2.0×10^{-5}
29	六氯苯	0.05	69	微囊藻毒素—LR	0.001
30	硝基苯	0.017	70	黄磷	0.003
31	二硝基苯④	0.5	71	钼	0.07
32	2,4—二硝基甲苯	0.000 3	72	钴	1
33	2,4,6—三硝基甲苯	0.5	73	铍	0.002
34	硝基氯苯⑤	0.05	74	硼	0.5
35	2,4—二硝基氯苯	0.5	75	锑	0.005
36	2,4——氯苯酚	0.093	76	镍	0.02
37	2,4,6—三氯苯酚	0.2	77	钡	0.7
38	五氯酚	0.009	78	钒	0.05
39	苯胺	0.1	79	钛	0.1
40	联苯胺	0.000 2	80	铊	0.000 1

注:①二甲苯:指对—二甲苯、间—二甲苯、邻—二甲苯。

②三氯苯:指1,2,3—三氯苯、1,2,4—三氯苯、1,3,5—三氯苯。

③四氯苯:指1,2,3,4—四氯苯、1,2,3,5—四氯苯、1,2,4,5—四氯苯。

④二硝基苯:指对—二硝基苯、间—二硝基苯、邻—二硝基苯。

⑤硝基氯苯:指对—硝基氯苯、间—硝基氯苯、邻—硝基氯苯。

⑥多氯联苯:指 PCB—1016、PCB—1221、PCB—1232、PCB—1242、PCB—1248、PCB—1254、PCB—1260。

4.6.1.6 水质评价

地表水环境质量评价应根据应实现的水域功能类别,选取相应类别标准,进行单因子评价,评价结果应说明水质达标情况,超标的应说明超标项目和超标倍数。

丰、平、枯水期特征明显的水域应分水期进行水质评价。

集中式生活饮用水地表水源地水质评价的项目应包括表4-3中的基本项目、表4-4中的补充项目以及由县级以上人民政府环境保护行政主管部门从表4-3中选择确定的特定项目。

4.6.1.7 水质监测

本标准规定的项目标准值,要求水样采集后自然沉降30 min,取上层非沉降部分按规定方法进行分析。

地表水水质监测的采样布点、监测频率应符合国家地表水环境监测技术规范的要求。

本标准水质项目的分析方法应优先选用表4-6～表4-8规定的方法,也可采用ISO方法体系等其他等效分析方法,但须进行适用性检验。

表4-6 地表水环境质量标准基本项目分析方法

序号	基本项目	分析方法	测定下限(mg/L)	方法来源
1	水温	温度计法		GB 13195—91
2	pH值	玻璃电极法		GB 6920—86
3	溶解氧	碘量法	0.2	GB 7489—89
		电化学探头法		GB 11913—89
4	高锰酸盐指数		0.5	GB 11892—89
5	化学需氧量	重铬酸盐法	5	CB 11914—89
6	五日生化需氧量	稀释与接种法	2	GB 7488—87
7	氨氮	纳氏试剂比色法	0.05	GB 7479—87
		水杨酸分光光度法	0.01	GB 7481—87
8	总磷	钼酸铵分光光度法	0.01	GB 11893—89
9	总氮	碱性过硫酸钾消解紫外分光光度法	0.05	GB 11894—89
10	铜	2,9—二甲基—1,10—菲啰啉分光光度法	0.06	GB 7473—87
		二乙基二硫代氨基甲酸钠分光光度法	0.010	GB 7474—87
		原子吸收分光光度法(螯合萃取法)	0.001	GB 7475—87

序号	基本项目	分析方法	测定下限（mg/L）	方法来源
11	锌	原子吸收分光光度法	0.05	GB 7475—87
12	氟化物	氟试剂分光光度法	0.05	GB 7483—87
		离子选择电极法	0.05	GB 7484—87
		离子色谱法	0.02	HJ/T 84—2001
13	硒	2,3—二氨基萘荧光法	2.5×10^{-4}	GB 11902—89
		石墨炉原子吸收分光光度法	0.003	GB/T 15505—1995
14	砷	二乙基二硫代氨基甲酸银分光光度法	0.007	GB 7485—87
		冷原子荧光法	6×10^{-5}	（1）
15	汞	冷原子吸收分光光度法	5×10^{-5}	GB 7468—87
		冷原子荧光法	5×10^{-5}	（1）
16	镉	原子吸收分光光度法（整合萃取法）	0.001	GB 7475—87
17	铬（六价）	二苯碳酰二肼分光光度法	0.004	GB 7467—87
18	铅	原子吸收分光光度法整合萃取法	0.01	GB 7475—87
19	总氰化物	异烟酸—吡唑啉酮比色法	0.004	GB 7487—87
		吡啶—巴比妥酸比色法	0.002	
20	挥发酚	蒸馏后 4—氨基安替比林分光光度法	0.002	GB 7490—87
21	石油类	红外分光光度法	0.01	GB/T 16488—1996
22	阴离子表面活性剂	亚甲蓝分光光度法	0.05	GB 7494—87
23	硫化物	亚甲基蓝分光光度法	0.005	GB/T 16489—1996
		直接显色分光光度法	0.004	GB/T 17133—1997
24	粪大肠菌群	多管发酵法、滤膜法		（1）

注：(1)《水和废水监测分析方法》(第三版)，中国环境科学出版社，1989 年。

表 4-7　集中式生活饮用水地表水源地补充项目分析方法

序号	项目	分析方法	最低检出值（mg/L）	方法来源
1	硫酸盐	重量法	10	GB 11899—89
		火焰原子吸收分光光度法	0.4	GB 13196—91
		铬酸钡光度法	8	（1）
		离子色谱法	0.09	HJ/T 84—2001
2	氯化物	硝酸银滴定法	10	GB 11896—89
		硝酸汞滴定法	2.5	（1）
		离子色谱法	0.02	HJ/T 84—2001
3	硝酸盐	酚二磺酸分光光度	0.02	GB 7480—87
		紫外分光光度法	0.08	（1）
		离子色谱法	0.08	HJ/T 84—2001
4	铁	火焰原子吸收分光光度法	0.03	GB 11911—89
		邻菲啰啉分光光度法	0.03	（1）
5	锰	火焰原子吸收分光光度法	0.01	GB 11911—89
		甲醛肟光度法	0.01	（1）
		高碘酸钾分光光度法	0.02	GB 11906—89

注：（1）《水和废水监测分析方法》（第三版），中国环境科学出版社，1989 年。

表 4-8　集中式生活饮用水地表水源地特定项目分析方法

序号	项目	分析方法	最低检出值（mg/L）	方法来源
1	三氯甲烷	顶空气相色谱法	3×10^{-4}	GB/T 17130—1997
		气相色谱法	6×10^{-4}	（2）
2	四氯化碳	顶空气相色谱法	5×10^{-5}	GB/T 17130—1997
		气相色谱法	3×10^{-4}	（2）
3	三溴甲烷	顶空气相色谱法	0.001	GB/T 17130—1997
		气相色谱法	0.006	（2）

序号	项目	分析方法	最低检出值（mg/L）	方法来源
4	二氯甲烷	顶空气相色谱法	8.7×10^{-3}	（2）
5	1,2—二氯乙烷	顶空气相色谱法	0.012 5	（2）
6	环氧氯丙烷	气相色谱法	0.02	（2）
7	氯乙烯	气相色谱法	0.001	（2）
8	1,1—二氯乙烯	吹出捕集气相色谱法	1.8×10^{-5}	（2）
9	1,2—二氯乙烯	吹出捕集气相色谱法	1.2×10^{-5}	（2）
10	三氯乙烯	顶空气相色谱法	5×10^{-4}	GB/T 17130—1997
		气相色谱法	0.003	（2）
11	四氯乙烯	顶空气相色谱法	2×10^{-4}	GB/T 17130－1997
		气相色谱法	1.2×10^{-3}	（2）
12	氯丁二烯	顶空气相色谱法	0.002	（2）
13	六氯丁二烯	气相色谱法	2×10^{-5}	（2）
14	苯乙烯	气相色谱法	0.01	（2）
15	甲醛	乙酰丙酮分光光度法	0.05	GB 13197—91
		4—氨基—3—联氨—5—疏基—1,2,4—三氮杂茂（AHMT）分光光度法	0.05	（2）
16	乙醛	气相色谱法	0.24	（2）
17	丙烯醛	气相色谱法	0.019	（2）
18	三氯乙醛	气相色谱法	0.001	（2）
19	苯	液上气相色谱法	0.005	GB 11890—89
		顶空气相色谱法	4.2×10^{-4}	（2）
20	甲苯	液上气相色谱法	0.005	GB 11890—89
		二硫化碳萃取气相色谱法	0.05	
		气相色谱法	0.01	（2）

序号	项目	分析方法	最低检出值（mg/L）	方法来源
21	乙苯	液上气相色谱法	0.005	GB 11890—89
		二硫化碳萃取气相色谱法	0.05	
		气相色谱法	0.01	（2）
22	二甲苯	液上气相色谱法	0.005	GB 11890—89
		二硫化碳萃取气相色谱法	0.05	
		气相色谱法	0.01	（2）
23	异丙苯	顶空气相色谱法	3.2×10^{-3}	（2）
24	氯苯	气相色谱法	0.01	HJ/T 74—2001
25	1,2—二氯苯	气相色谱法	0.002	GB/T 17131—1997
26	1,4—二氯苯	气相色谱法	0.005	GB/T 17131—1997
27	三氯苯	气相色谱法	4×10^{-5}	（2）
28	四氯苯	气相色谱法	2×10^{-5}	（2）
29	六氯苯	气相色谱法	2×10^{-5}	（2）
30	硝基苯	气相色谱法	2×10^{-4}	GB 13194—91
31	二硝基苯	气相色谱法	0.2	（2）
32	2,4—二硝基甲苯	气相色谱法	3×10^{-4}	GB 13194—91
33	2,4,6—三硝基甲苯	气相色谱法	0.1	（2）
34	硝基氯苯	气相色谱法	2×10^{-4}	GB 13194—91
35	2,4—二硝基氯苯	气相色谱法	0.1	（2）
36	2,4—二氯苯酚	电子捕获－毛细色谱法	4×10^{-4}	（2）
37	2,4,6—三氯苯酚	电子捕获－毛细色谱法	4×10^{-5}	（2）
38	五氯酚	气相色谱法	4×10^{-5}	GB 8972—88
		电子捕获－毛细色谱法	2.4×10^{-5}	（2）
39	苯胺	气相色谱法	0.002	（2）

序号	项目	分析方法	最低检出值（mg/L）	方法来源
40	联苯胺	气相色谱法	2×10^{-4}	（3）
41	丙烯酰胺	气相色谱法	1.5×10^{-4}	（2）
42	丙烯腈	气相色谱法	0.10	（2）
43	邻苯二甲酸二丁酯	液相色谱法	1×10^{-4}	HJ/T 72—2001
44	邻苯二甲酸二(2—乙基己基)酯	气相色谱法	4×10^{-4}	（2）
45	水合肼	对二甲氨基苯甲醛直接分光光度法	0.005	（2）
46	四乙基铅	双硫腙比色法	1×10^{-4}	（2）
47	吡啶	气相色谱法	0.031	GB/T 14672—93
47	吡啶	巴比土酸分光光度法	0.05	（2）
48	松节油	气相色谱法	0.02	（2）
49	苦味酸	气相色谱法	0.001	（2）
50	丁基黄原酸	铜试剂亚铜分光光度法	0.002	（2）
51	活性氯	N,N—二乙基对苯二胺(DPD)分光光度法	0.01	（2）
51	活性氯	3,3,5,5—四甲基联苯胺比色法	0.005	（2）
52	滴滴涕	气相色谱法	2×10^{-4}	GB 7492—87
53	林丹	气相色谱法	4×10^{-6}	GB 7492—87
54	环氧七氯	液液萃取气相色谱法	8.3×10^{-5}	（2）
55	对硫磷	气相色谱法	5.4×10^{-4}	GB 13192—91
56	甲基对硫磷	气相色谱法	4.2×10^{-4}	GB 13192—91
57	马拉硫磷	气相色谱法	6.4×10^{-4}	GB 13192—91

序号	项目	分析方法	最低检出值（mg/L）	方法来源
58	乐果	气相色谱法	5.7×10^{-4}	GB 13192—91
59	敌敌畏	气相色谱法	6×10^{-5}	GB 13192—91
60	敌百虫	气相色谱法	5.1×10^{-5}	GB 13192—91
61	内吸磷	气相色谱法	2.5×10^{-3}	(2)
62	百菌清	气相色谱法	4×10^{-4}	(2)
63	甲萘威	高效液相色谱法	0.01	(2)
64	溴氰菊酯	气相色谱法	2×10^{-4}	(2)
		高效液相色谱法	0.002	(2)
65	阿特拉律	气相色谱法		(3)
66	苯并(a)芘	乙酰化滤纸层析荧光分光光度法	4×10^{-6}	GB 11895—89
		高效液相色谱法	1×10^{-6}	GB 3198—91
67	甲基汞	气相色谱法	1×10^{-8}	GB/T 17132—1997
68	多氯联苯	气相色谱法		(3)
69	微囊藻毒素—LR	高效液相色谱法	1×10^{-5}	(2)
70	黄磷	钼—锑—抗分光光度法	2.5×10^{-3}	(2)
71	钼	无火焰原子吸收分光光度法	2.31×10^{-3}	(2)
72	钴	无火焰原子吸收分头光度法	1.91×10^{-3}	(2)
73	铍	铬菁 R 分光光度法	2×10^{-4}	HJ/T 58—2000
		石墨炉原子吸收分光光度法	2×10^{-5}	HJ/T 59—2000
		桑色素荧光分光光度法	2×10^{-4}	(2)

序号	项目	分析方法	最低检出值（mg/L）	方法来源
74	硼	姜黄素分光光度法	0.02	HJ/T 49—1999
		甲亚胺—H 分光光度法	0.2	（2）
75	锑	氢化原子吸收分光光度法	2.5×10^{-4}	（2）
76	镍	无火焰原子吸收分光光度法	2.48×10^{-3}	（2）
77	钡	无火焰原子吸收分光光度法	6.18×10^{-3}	（2）
78	钒	钽试剂（BPHA）萃取分光光度法	0.018	GB/T 15503—1995
		无火焰原子吸收分光光度法	6.98×10^{-3}	（2）
79	钛	催化示波极谱法	4×10^{-4}	（2）
		水杨基荧光酮分光光度法	0.02	（2）
80	铊	无火焰原子吸收分光光度法	1×10^{-6}	（2）

注:（1）《水和废水监测分析方法》（第三版），中国环境科学出版社，1989 年。

（2）《生活饮用水卫生规范》，中华人民共和国卫生部，2001 年。

（3）《水和废水标准检验法》（第 15 版），中国建筑工业出版社，1985 年。

4.6.1.8　标准的实施与监督

本标准由县级以上人民政府环境保护行政主管部门及相关部门按职责分工监督实施。

集中式生活饮用水地表水源地水质超标项目经自来水厂净化处

理后,必须达到《生活饮用水卫生标准》(GB 5749—2006)的要求。

省、自治区、直辖市人民政府可以对本标准中未作规定的项目,制定地方补充标准,并报国务院环境保护行政主管部门备案。

4.6.2　地下水质量标准(GB/T 14848—93)

为保护和合理开发地下水资源,防止和控制地下水污染,保障人民身体健康,促进经济建设,特制定本标准。本标准是地下水勘查评价、开发利用和监督管理的依据。

4.6.2.1　主题内容与适用范围

该标准规定了地下水的质量分类,地下水质量监测、评价方法和地下水质量保护。

该标准适用于一般地下水,不适用于地下热水、矿水、盐卤水。

4.6.2.2　地下水质量分类及质量分类指标

依据我国地下水水质现状、人体健康基准值及地下水质量保护目标,并参照了生活饮用水、工业、农业用水水质最高要求,将地下水质量划分为五类。

(1)Ⅰ类:主要反映地下水化学组分的天然低背景含量,适用于各种用途。

(2)Ⅱ类:主要反映地下水化学组分的天然背景含量,适用于各种用途。

(3)Ⅲ类:以人体健康基准值为依据,主要适用于集中式生活饮用水水源及工、农业用水。

(4)Ⅳ类:以农业用水和工业用水要求为依据,除适用于农业和部分工业用水外,适当处理后可用做生活饮用水。

(5)Ⅴ类:不宜饮用,其他用水可根据使用目的选用。

4.6.2.3　地下水水质监测

各地区应对地下水水质进行定期检测。检验方法按国家标准《生活饮用水标准检验方法》执行(见表4-9)。

表 4-9 地下水质量分类指标

项目序号	类别标准值项目	I 类	II 类	III 类	IV 类	V 类
1	色(度)	≤5	≤5	≤15	≤25	>25
2	臭和味	无	无	无	无	有
3	浑浊度(度)	≤3	≤3	≤3	≤10	>10
4	肉眼可见物	无	无	无	无	有
5	pH 值	6.5~8.5			5.5~6.5, 8.5~9	<5.5, >9
6	总硬度(以 $CaCO_3$ 计)(mg/L)	≤150	≤300	≤450	≤550	>550
7	溶解性总固体(mg/L)	≤300	≤500	≤1 000	≤2 000	>2 000
8	硫酸盐(mg/L)	≤50	≤150	≤250	≤350	>350
9	氯化物(mg/L)	≤50	≤150	≤250	≤350	>350
10	铁(Fe)(mg/L)	≤0.1	≤0.2	≤0.3	≤1.5	>1.5
11	锰(Mn)(mg/L)	≤0.05	≤0.05	≤0.1	≤1.0	>1.0
12	铜(Cu)(mg/L)	≤0.01	≤0.05	≤1.0	≤1.5	>1.5
13	锌(Zn)(mg/L)	≤0.05	≤0.5	≤1.0	≤5.0	>5.0
14	钼(Mo)(mg/L)	≤0.001	≤0.01	≤0.1	≤0.5	>0.5
15	钴(Co)(mg/L)	≤0.005	≤0.05	≤0.05	≤1.0	>1.0
16	挥发性酚类(以苯酚计)(mg/L)	≤0.001	≤0.001	≤0.002	≤0.01	>0.01
17	阴离子合成洗涤剂(mg/L)	不得检出	≤0.1	≤0.3	≤0.3	>0.3
18	高锰酸盐指数(mg/L)	≤1.0	≤2.0	≤3.0	≤10	>10
19	硝酸盐(以 N 计)(mg/L)	≤2.0	≤5.0	≤20	≤30	>30
20	亚硝酸盐(以 N 计)(mg/L)	≤0.001	≤0.01	≤0.02	≤0.1	>0.1
21	氨氮(NH_4)(mg/L)	≤0.02	≤0.02	≤0.2	≤0.5	>0.5
22	氟化物(mg/L)	≤1.0	≤1.0	≤1.0	≤2.0	>2.0

项目序号	类别标准值项目	I 类	II 类	III 类	IV 类	V 类
23	碘化物(mg/L)	≤0.1	≤0.1	≤0.2	≤1.0	>1.0
24	氰化物(mg/L)	≤0.001	≤0.01	≤0.05	≤0.1	>0.1
25	汞(Hg)(mg/L)	≤0.000 05	≤0.000 5	≤0.001	≤0.001	>0.001
26	砷(As)(mg/L)	≤0.005	≤0.01	≤0.05	≤0.05	>0.05
27	硒(Se)(mg/L)	≤0.01	≤0.01	≤0.01	≤0.1	>0.1
28	镉(Cd)(mg/L)	≤0.000 1	≤0.001	≤0.01	≤0.01	>0.01
29	铬(六价)(Cr^{6+})(mg/L)	≤0.005	≤0.01	≤0.05	≤0.1	>0.1
30	铅(Pb)(mg/L)	≤0.005	≤0.01	≤0.05	≤0.1	>0.1
31	铍(Be)(mg/L)	≤0.000 02	≤0.000 1	≤0.000 2	≤0.001	>0.001
32	钡(Ba)(mg/L)	≤0.01	≤0.1	≤1.0	≤4.0	>4.0
33	镍(Ni)(mg/L)	≤0.005	≤0.05	≤0.05	≤0.1	>0.1
34	滴滴涕(μg/L)	不得检出	≤0.005	≤1.0	≤1.0	>1.0
35	六六六(μg/L)	≤0.005	≤0.05	≤5.0	≤5.0	>5.0
36	总大肠菌群(个/L)	≤3.0	≤3.0	≤3.0	≤100	>100
37	细菌总数(个/L)	≤100	≤100	≤100	≤1 000	>1 000
38	总 α 放射性(Bq/L)	≤0.1	≤0.1	≤0.1	>0.1	>0.1
39	总 β 放射性(Bq/L)	≤0.1	≤1.0	≤1.0	>1.0	>1.0

各地地下水监测部门应在不同质量类别的地下水域设立监测点进行水质监测,监测频率不得少于每年二次(丰、枯水期)。

监测项目包括 pH 值、氨氮、硝酸盐、亚硝酸盐、挥发性酚类、氰化物、砷、汞、铬(六价)、总硬度、铅、氟、镉、铁、锰、溶解性总固体、高锰酸盐指数、硫酸盐、氯化物、大肠菌群以及反映本地区主要水质问题的其他项目。

4.6.2.4　地下水质量评价

地下水质量评价以地下水水质调查分析资料或水质监测资料为基础,可分为单项组分评价和综合评价两种。

地下水质量单项组分评价,按本标准所列分类指标,划分为五类,代号与类别代号相同,不同类别标准值相同时,从优不从劣。例如,挥发性酚类Ⅰ、Ⅱ类标准值均为 0.001 mg/L,若水质分析结果为 0.001 mg/L,则应定为Ⅰ类,不定为Ⅱ类。

地下水质量综合评价采用加附注的评分法。具体要求与步骤如下:

(1)参加评分的项目应不少于本标准规定的监测项目,但不包括细菌学指标。

(2)首先进行各单项组分评价,划分组分所属质量类别。

(3)对各类别按下列规定(表4-10)分别确定单项组分评价分值 F_i。

表 4-10　评价分值

类别	Ⅰ类	Ⅱ类	Ⅲ类	Ⅳ类	Ⅴ类
F_i	0	1	3	6	10

根据 F_i 值,按以下规定(见表4-11)划分地下水质量级别,再将细菌学指标评价类别注在级别定名之后,如"优良(Ⅱ类)"、"较好(Ⅲ类)"。

表 4-11　评价级别

级别	优良	良好	较好	较差	极差
F_i	<0.80	0.80~2.50	2.50~4.25	4.25~7.20	≥7.20

使用两次以上的水质分析资料进行评价时,可分别进行地下水质量评价,也可根据具体情况,使用全年平均值和多年平均值或分别

使用多年的枯水期、丰水期平均值进行地下水质量评价。

在进行地下水质量评价时,除采用本方法外,也可采用其他评价方法进行对比。

4.7　表征水污染的水质指标

水中杂质的具体衡量尺度称水质指标。各种水质指标表示出水中杂质的种类和数量,由此判断水质的好坏及是否满足要求。水质指标分为物理、化学和微生物三类。常用的水质指标主要有以下几项。

4.7.1　悬浮物(SS)

悬浮物指水中呈固体的不溶解物质。

4.7.2　耗氧有机物

耗氧有机物的组成比较复杂,诸如一般的腐殖质、人体排泄物、垃圾废物及各种生活与工业废水中的动植物纤维、脂肪、糖类、有机酸、蛋白质、有机原料及人工合成有机物等。显然,要分别测定这些物质的含量是比较困难的,但它们有一个共同的特点,即这些物质在水中被微生物氧化分解时会消耗水中的溶解氧,使水体处于缺氧状态,发生腐败分解,恶化水质,所以称这些有机物为耗氧有机物。此外,水中有机物增多还会使细菌和藻类繁生,对卫生也是不利的。因此,有机物是水体污染的主要指标。

在实际工作中,常利用有机物耗氧的特性用几项氧的综合指标来表示水中有机物的含量。

(1)生化需氧量(BOD)。是指在好气条件下微生物分解水中有机物所需的氧量,是衡量有机物对水体潜在污染能力的一个常用参数。微生物氧化分解有机物的过程分两个阶段:第一阶段主要是有机物被转化为二氧化碳、水和氨,称为碳化阶段;第二阶段主要是氨被转化为亚硝酸盐和硝酸盐,称为硝化阶段。因微生物活动与温度有关,一般以 20 ℃作为测定 BOD 的标准温度。污水中的有机物通常需 20 d 左右才能基本完成碳化阶段的氧化分解过程,这给测定工作带来了一定困难,所以多用 5 d 的生物化学需氧量作为衡量标准,简称为五日生化需氧量(BOD_5),BOD_5 占碳化阶段生化需氧量的 65% ~80%。

(2)化学需氧量(COD)。是指用化学氧化剂氧化工业废水和生活污水中有机污染物所需的氧量。COD 越高,表示水中有机物越多。目前,常用的氧化剂为重铬酸钾($K_2Cr_2O_7$)或高锰酸钾($KMnO_4$)。同一污水所用氧化剂不同,测量的 COD 值亦不相同。为区别起见,将 COD 分别写为 COD_{Cr}、COD_{Mn} 或称为高锰酸盐指数。COD 与 BOD 的差值表示废水中不能被生物降解的那部分有机物含量,一般情况下 $BOD_5 < BOD_{20} < COD_{Mn} < COD_{Cr}$。化学需氧量对各种无机还原物质(如硫化物、亚硝酸盐和氨等)也具有氧化作用,但不能反映出可被微生物氧化的那部分有机物的含量。

4.7.3　有害有毒物质

有毒有害物质包括重金属、有机毒物和无机物等。

重金属可分为危害较大(如汞(Hg)、镉(Cd)、铬(Cr)、铅(Pb))和危害较小(锰(Mn)、铜(Cu)、锌(Zn)等)两类;砷(As)由于化合价可变,性质与金属类似,也划归此类。

有机毒物包括酚类化合物,酚类化合物又分为挥发与不挥发两大类,通常多测定挥发酚含量;难为生物降解的有机农药,如杀虫剂、杀菌剂、除草剂等,按其化学结构分为有机氯、有机磷、有机汞等三大类。此外,还包括多氯联苯、多环芳烃、芳香族氨基化合物及各种人工合成高分子物质,如塑料、合成橡胶、人造纤维等。

无机物分有毒的和无毒但有害两大类。有毒无机物如氰类化合物就是剧毒物质。无毒但有害无机物包括酸、碱与一般无机盐等。

4.7.4　植物营养素

植物营养素是指用来反映水体富营养化的指标,常用的有氨氮(NH_3—N)、亚硝酸盐氮(NO_2—N)、硝酸盐氮(NO_3—N)、总氮(TN)、磷酸盐(PO_4^{3-})和总磷(TP)等。

4.7.5　细菌

细菌主要是指那些对人类健康有害的细菌,如细菌总数和大肠菌群等,它们会传播疾病,可作为判断水污染程度的微生物学指标。

同时,可根据水中污染物的性质采用特殊的水质指标,如放射性物质浓度等。此外,还常用表示水的物理和化学性质的指标,如温度、pH 值、色度、浑浊度等。

总之,有的水质指标是水中某一种或某一类杂质的含量,直接用其浓度表示,如某重金属和挥发酚;有些是利用某类杂质的共同特性来间接反映其含量的,如 BOD、COD 等;还有一些指标是与测定方法直接联系的,常有人为任意性,如浑浊度、色度等。

水质指标能综合表示水中杂质的种类和含量,是不断发展的。如何拟定最合理的指标,有待根据生产和环境科学的发展逐渐完善。

第 5 章 水质评价

5.1 水质评价概述

5.1.1 水质评价的概念与目的

水质是指水体的物理、化学和生物学的特征与性质。水质评价是水环境质量评价的简称，是以水环境监测资料为基础，根据水体的用途，按照一定的评价参数、评价标准和评价方法，对水体质量进行定性评定和定量评定的过程。它主要是评价水体的污染程度，划分其污染等级，确定其污染类型，目的是希望能准确地指出水体的现有污染程度，了解掌握主要污染物在运动过程中对水体水质的影响程度，以及将来的发展趋势，为保护水体水质提供方向性、原则性的方案和依据。

水质评价是环境质量的重要组成部分。近年来，随着生产发展和人口增长，天然水体污染加剧，水资源供需矛盾日益尖锐，保护水质、控制污染的重要性愈加突出，从而促进了水质评价工作的开展。

5.1.2 水质评价分类

(1)按评价阶段，水质评价分为三种类型:①回顾评价——根据水域历年积累的资料进行评价，以揭示该水域水质污染的发展变化过程;②现状评价——根据近期水质监测资料，对水体水质的现状进行评价;③预测(或影响)评价——根据地区的经济发展规划对水体的影响，预测水体未来的水质状况。

(2)按评价水体用途，可分为:①单项评价;②渔业用水评价;

③游览用水评价;④工业用水评价;⑤农业(灌溉)用水评价等。

(3)按评价参数的数量,可分为单因子评价和多因子评价。

(4)按评价水体,可分为河流水质评价、江河水质评价、湖泊水质评价和地下水水质评价等。

5.1.3 水环境质量评价的工作程序

(1)收集、归纳、分析水环境调查资料和监测数据。

(2)由评价目的选择水环境质量评价要素及参数。

(3)选取评价方法,指定水环境质量系数或指数。

(4)划分水环境质量的等级或类型,并绘制水环境质量图表。

(5)作出水环境质量评价结论,提出治理方案及减免措施。

水环境质量评价的工作程序如图5-1所示。

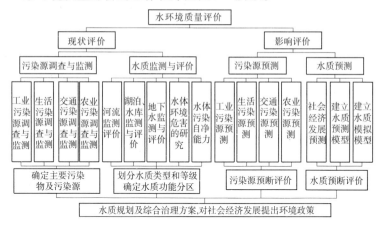

图5-1 水环境质量评价的工作程序

5.1.4 水环境质量评价的基本原则

水环境质量评价应注意把握几个关键:正确认识水环境,选择评价因子,正确获取评价因子的性状数值,选择适当的评价标准,采用适当的评价模式进行归纳综合,特定量化的测量、计算数据,指标转

化为定性的水环境质量评价语言。为此,在评价工作中要遵循以下原则:

(1)以国家有关水环境法规为指导方针,避免主观任意性。

(2)国家规定的水环境质量标准和污染物排放标准是评价水环境质量尺度依据。

(3)评价工作要因地制宜、讲求实用,不能生搬硬套一种模式。

(4)水环境质量评价一定要结合水资源保护规划。

(5)水环境质量评价一定要有经济分析,这是评价工作的重要一环。

5.2　河流水质评价

河流水质评价是根据不同的目的和要求,按一定的原则和方法进行的。河流水质评价主要是评价江河的污染程度,划分其污染等级,确定其污染类型,以便准确指出江河的污染程度及将来的发展趋势,为水源保护提供方向性、原则性的方案和依据。

河流水质评价的基本要求就是要搞清河流主要污染物的运动变化规律。因此,在时间上需要掌握不同时期、不同季节污染物的动态变化规律,在空间上需要掌握河流不同河段、上游与下游不同部位的环境变化规律以及质量变化的对比性。只有了解和掌握了这些基本规律,才能使河流水质评价具有典型性和代表性,才能准确地反映出不同河流水质的基本特征。

5.2.1　河流水质评价基本流程

(1)水体环境背景值调查。在未受人为污染影响状况下,确定水体在自然发展过程中原有的化学组成。因目前难以找到绝对不受污染影响的水体,所以测得的水环境背景值实际上是一个相对值,可以作为判别水体受污染影响程度的参考比较指标。

(2)污染源调查评价。污染源是影响水质的重要因素,通过污染源调查与评价,可确定水体的主要污染物质,从而确定水质监测及评价项目。

(3)水质监测。根据水质调查和污染源评价结论,结合水质评价目的、评价水体的特点和影响水体水质的重要污染物质,制定水质监测方案,进行取样分析,获取进行水质评价特有的水质监测数据。

(4)确定评价标准。水质标准是水质评价的准则和依据。对于同一水体,采用不同的方法会得出不同的评价结果,甚至对水质是否污染的结论也不同。因此,应根据评价水体的用途和评价目的选择相应的评价标准。

(5)按照一定的评价方法进行评价。

(6)评价结论。根据计算结果进行水质优劣分级,提出评价结论。为了更直观地反映水质状况,可绘制水质图。

5.2.2 评价因子的选择

河流水质因子的选择应根据评价目的的需要进行,通常有三种方法:一是根据河流水质评价要求,二是根据污染源评价结论,三是根据试验条件。河流水质评价因子包括河流水质、底质和水生生物。一般应选择在河流水体中起主要作用的,对环境、生物、人体及社会经济危害大的参数作为主要评价因子。河流水质评价一般应包括以下参数:水温、pH 值、悬浮物、COD、BOD_5、DO、挥发酚、氰化物、砷、汞、六价铬、镉、粪大肠菌群等。由于每条河流的污染物质各不相同,参数亦可增可减。

例如,2004 年全国水资源综合规划地表水水质评价项目采用GB 3838—2002 标准规定项目,河流水质评价项目分必评、选评、参评三个级别。其中,必评项目包括溶解氧、高锰酸盐指数、化学需氧量、氨氮、挥发酚和砷 6 项,选评项目包括五日生化需氧量、氟化物、氰化物、汞、铜、铅、锌、镉、铬(六价)、总磷、石油类 11 项,参评项目包括 pH 值、水温和总硬度 3 项。此外,各地还可根据本地的水环境特点,选择相应的水质项目。

5.2.3　评价标准选择

根据目的要求选择合适的评价标准也是重要的一环。水质评价标准必须以国家颁布的有关水质标准为基础。随着水环境保护事业的发展,我国相继制定颁布了一系列水质标准,如地面水卫生标准、渔业卫生标准、灌溉卫生标准、环境标准、毒性标准、经济指标等为水质评价工作的顺利开展提供了较完备的标准体系。由于水环境问题的复杂性,以及随着经济的发展和科学技术的进步,新的水环境问题也会不断出现,现有评价标准体系中没有包括的水质项目也可能需要进行评价,在进行必要的科学分析对比前提下可以参考国外有关水质标准。

5.2.4　河流水质评价方法

水质评价历史悠久,早期的水质评价方法主要是根据水的色、味、嗅、浑浊等感观性状作定性描述,概念比较含糊。随着科技水平的不断提高,人们对水体的物理、化学和生物性状有了深入的认识,随之发展了多种水环境评价方法。按选取评价项目的多少可分为单因子评价法和综合评价法。由于单因子评价法采取最差项目赋全权的做法,可以明确指出水质问题的所在,直接了解水质状况与评价标准之间的关系,有利于提出针对性的水环境治理措施。因此,单因子评价法是最普遍使用的评价方法。

但单因子评价法无法给出水环境质量的综合状况。为了克服该方法的不足,国内外水质专家提出了各种综合指标评价方法。所谓综合指标评价方法,就是基于数个水质参数计算出的表征水体水质综合状况的一个数值或分值,这个数值或分值称为水质指数。如国内在 1974～1975 年对北京官厅水库水系评价时提出的综合污染指数、1975 年北京西郊环境质量评价中采用的水质质量指数等,国外有内梅罗指数、罗斯水质指数。因此,下面将选择单因子评价法及比较实用且还在继续应用的具有代表性的水质综合评价方法进行介绍。

5.2.4.1 单因子评价法

单因子评价法即将各参数浓度代表值与评价标准逐项对比,以单项评价最差项目的类别作为水质类别。单因子评价法是目前使用最多的水质评价法,该法简单明了,可直接了解水质状况与评价标准之间的关系,可给出各评价因子的达标率、超标率和超标倍数等特征值。单因子评价法主要有以下几种表达方式。

1. 标准指数法

标准指数法是指某一评价因子的实测浓度与选定标准值的比值,计算公式为:

$$S_i = \frac{C_i}{C_{si}} \tag{5-1}$$

式中:S_i 为评价因子 i 在取样点的标准指数;C_i 为评价因子 i 在取样点的实测值,mg/L;C_{si} 为评价因子 i 的标准值,mg/L。

当评价因子的标准指数 <1 时,表明该水质因子满足选定的水质标准;当评价因子的标准指数 >1 时,表明该水质因子超过了选定的水质标准,已不能满足使用要求。

2. 污染超标倍数法

污染超标倍数法就是依据污染超标倍数判别水体污染程度的一类方法,污染超标倍数法计算评价指标 i 的超标倍数公式为:

$$P_i = \frac{C_i - C_{si}}{C_{si}} = \frac{C_i}{C_{si}} - 1 \tag{5-2}$$

式中:P_i 为评价指标 i 的超标倍数;C_i 为评价指标 i 的实测浓度值,mg/L;C_{si} 为评价指标 i 的最高允许标准值,mg/L。

由式(5-2)看出,标准指数和超标倍数相差 1。

5.2.4.2 综合评价法

综合评价方法很多,其主要特点是用各种污染物的相对污染指数进行数学上的归纳和统计,而得出一个较简单的代表水体污染程度的数值。综合评价法能了解多个水质参数与相应标准之间的综合相对关系,但有时也掩盖了高浓度的影响。常用的综合评价法的数学模式见表5-1。下面就几种有代表性的综合评价方法做一简单进行介绍。

表 5-1　常用的综合评价法的数学模式

名称	表达式	符号解释
幂指数法	$S_j = \prod_{i=1}^{m} I_{i,j}^{W_i} \qquad 0 < I_{i,j} \leqslant 1$ $\sum_{i=1}^{m} W_i = 1$	$S_{i,j}$ 为 i 污染物在 j 点的评价指数 $I_{i,j}$ 为污染物 i 在 j 点的污染指数 W_i 为 I 污染物的权重值
加权平均法	$S_j = \sum_{i=1}^{m} W_i S_i \qquad \sum_{i=1}^{m} W_i = 1$	
向量模法	$S_j = \left[\sum_{i=1}^{m} S_{i,j}^2 \right]^{\frac{1}{2}}$	
算术平均法	$S_j = \frac{1}{m} \sum_{i=1}^{m} S_{i,j}$	

1. 简单综合污染指数法

简单综合污染指数实质上为各项评价因子标准指数加和的算术平均值,计算公式为:

$$P = \frac{1}{n} \sum_{i=1}^{n} S_i = \frac{1}{n} \sum_{i=1}^{n} \frac{C_i}{C_{0i}} \qquad (5-3)$$

$$S_i = \frac{C_i}{C_{0i}} \qquad (5-4)$$

式中:P 为综合污染指数;S_i 为第 i 种污染物的标准指数;C_i 为第 i 种污染物实测平均浓度,mg/L;C_{0i} 为第 i 种污染物评价标准值,mg/L。

如果选用与这一方法,则对应的水质污染程度分级见表5-2。

表 5-2 水质污染程度分级

P	级别	分级依据
<0.2	清洁	多数项目未检出,个别检出也在标准内
0.2~0.4	尚清洁	检出值均在标准内,个别接近标准
0.4~0.7	轻污染	个别项目检出值超过标准
0.7~1.0	中污染	有两次检出值超过标准
1.0~2.0	重污染	相当一部分项目超过标准
>2.0	严重污染	相当一部分检出值超过标准数倍或几十倍

2. 综合污染指数

综合污染指数是 20 世纪 70 年代北京官厅水库水系评价中提出的评价方法,后来又为河北白洋淀水质评价(1981 年)所采用。综合污染指数 K 表示水体中各种污染物质的综合污染程度,计算公式如下:

$$K = \sum_{i=1}^{N} \frac{C_k}{C_{0i}} C_i \qquad (5-5)$$

式中:C_k 为根据具体条件规定的地表水中各污染物的统一最高标准,简称"统一标准";C_{0i} 为污染物在地表水中的最高允许标准,mg/L;C_i 为 i 污染物的浓度,mg/L;N 为评价指标项目数,北京官厅水库水系评价中选取酚、氰化物、砷、汞和铬共 5 项评价参数。

C_k 值的大小根据具体条件来确定,一般取 $C_k = 0.1$。当 $C_k < 0.1$ 时,定 $K < 0.1$ 为一般水体或未受污染水体,此时水中各种污染物质浓度的总和不超过统一的地表水最高允许标准。当 $K > 0.1$ 时,表明水中各种污染物的总和已超过地表水的统一最高标准,定为污染水体。

3. 水质质量系数法

水质质量系数是在 1975 年北京西郊环境质量评价工作中提出

的,其基本形式与式(5-5)的 K 相同,只是去掉了统一标准 C_k,其计算公式如下:

$$P = \sum_{i=1}^{N} \frac{C_i}{C_{si}} \qquad (5\text{-}6)$$

式中:C_i 为 i 污染物的实测值,mg/L;N 为评价指标项目数,西郊环境质量评价中也选取酚、氰化物、砷、汞和铬共 5 项评价参数;C_{si} 为 i 污染物在地表水中的最高允许标准,mg/L。

水质质量系数法根据北京西郊一些河流的水质状况,将水质质量系数分为 7 个等级,如表 5-3 所示。

表 5-3　水质质量系数分级

类别	级别	P
Ⅰ	清　洁	< 0.2
Ⅱ	微清洁	0.2 ~ 0.5
Ⅲ	轻污染	0.5 ~ 1.0
Ⅳ	中度污染	1.0 ~ 5.0
Ⅴ	较重污染	5.0 ~ 10
Ⅵ	严重污染	10 ~ 100
Ⅶ	极严重污染	> 100

4. 有机污染综合评价值

有机污染综合评价值 A 按下式计算:

$$A = \frac{BOD_i}{BOD_0} + \frac{COD_i}{COD_0} + \frac{NH_3\text{—}N_i}{NH_3\text{—}N_0} - \frac{DO_i}{DO_0} \qquad (5\text{-}7)$$

式中:BOD_i、COD_i、$NH_3\text{—}N_i$ 和 DO_i 为实测值,mg/L;BOD_0、COD_0、$NH_3\text{—}N_0$ 和 DO_0 为规定的标准值,mg/L。

采用有机污染综合评价值作为评价水质的指数,可综合地说明水质受到有机污染的情况,适用于受到有机物污染较严重的水体。

5. 内梅罗水污染指数

美国学者内梅罗(N. L. Nemerow)提出了一种水污染指数,用下

式计算:

$$PI_j = \sqrt{\frac{(\frac{C_i}{L_{ij}})^2_{最大} + (\frac{C_i}{L_{ij}})^2_{平均}}{2}}$$ (5-8)

式中:PI_j 为某种用途的水污染指数;C_i 为水中某污染物的实测浓度(i 代表水质项目数),mg/L;L_{ij} 为某污染物的水质标准(j 代表水的用途),mg/L。

内梅罗共选用下面 14 种水质参数或污染物作为计算污染指数的依据,即水温、水色、浑浊度、pH 值、大肠菌、总溶解固体、悬浮物、总氮、碱度、硬度、氯、铁、锰、硫酸盐、溶解氧。在水的用途上,分为三类:①人接触的(包括饮用、游泳等),②人使用的(包括渔业、农业等),③人不接触使用的(包括工业冷却水、航运等)。根据上述三类用途,先计算出各种用途的污染指数 PI_j,然后算出总污染指数 PI,总污染指数计算公式如下:

$$PI = \sum_{j=1}^{3} W_j PI_j$$ (5-9)

式中:PI 为几种用途的水质总污染指数;PI_j 为某种用途的水污染指数;W_j 为不同用途的权系数。

6. 罗斯水质指数法

1997 年,英国人罗斯在总结以前的一些水质指数的基础上,对英国克鲁德河的干、支流进行了水质评价研究,提出了一种简明的水质指数计算方法。其主要思想是,首先,选取 BOD、DO、氨氮、悬浮固体 4 个评价因子,分别给予 3、2、3、2 的权重。其次,根据实际监测值,按照给定的评价因子分级表(值),给出 4 个评价因子的分级值,然后计算水质指数,公式如下:

$$WQI = \frac{\sum_{i=1}^{4} A_i}{\sum_{i=1}^{4} W_i}$$ (5-10)

式中:A_i 为评价因子 i 的分级值;WQI 为水质指数,用整数表示,分成 0~10 共 11 个等级,数值越大水质越好。

罗斯水质指数与其他的水质指数相比,剔除了不必要的水质因子选项,直接且具体地反映了水体污染状况。

5.3　江河水质评价

在一定的水体中,生物群落及其环境构成一个有机的整体。当水体受到污染时,生物的种类、数量、生物群落的组合和结构都会发生变化,故生物和生物群落常可综合指示环境特征与质量。因此,生物在环境评价中有其特殊意义,它所指示的是一段时间内的环境质量,是对污染状况的连续性、积累性的反映,与其他影响评价相比,生物评价更具有代表性和准确性,也是其他评价方法不能取代的。河流生物学评价一般有以下几种方法。

5.3.1　生物指数法

生物指数法的原理是依据不利环境因素,如水中各种污染物对生物群落结构的影响,用数学形式表现群落结构,来指示水质变化对生物群落的生态学效应。由污染引起的水质变化对生物群落的生态效应主要有以下六个方面:

(1)某些对污染有指示价值的生物种类出现或消失,导致群落结构种类的组成发生变化。

(2)群落中的生物种类数在水污染严重时减少,而在水质较好时增加,但在过于清洁的水中,因食物缺乏,生物种类数也会减少。

(3)组成群落的个别种群变化(如种群数量变化等)。

(4)群落中种类组成比例的变化。

(5)自养－异氧程度的变化。

(6)生产力的变化。

目前有多种生物评价指数,但每种指数仅能反映上述几个方面的信息,所以最好选用几种不同生物指数进行综合评价。常用的生物指数法有以下几种。

5.3.1.1　Beck 指数

按底栖大型无脊椎动物对有机污染的耐性分成两类,Ⅰ类是不耐有机污染的种类,Ⅱ类是能耐中等程度的污染但非完全缺氧条件的种类。将一个调查地点内Ⅰ类和Ⅱ类动物种类 $n_Ⅰ$ 和 $n_Ⅱ$,按 $I = 2n_Ⅰ + n_Ⅱ$ 公式计算生物指数。此法要求调查各测站的环境因素(如水深、流速、底质、水草有无等)尽量一致,Beck 指数在净水中为 10 以上,中等污染时为 1~10,重污染时为 0。

5.3.1.2　硅藻类生物指数

硅藻类生物指数是指用河流中硅藻的种类数计算的生物指数,其计算公式为:

$$I = \frac{2A + B - 2C}{A + B - C} \times 100\% \tag{5-11}$$

式中:A 为不耐有机污染种类数;B 为对有机污染物无特殊反映种类数;C 为有机污染地区独能生存的种类数。

5.3.1.3　颤蚓类与全部底栖动物相比的生物指数

用颤蚓类与全部底栖动物个体数量的比例作为生物指数。

$$生物指数 = \frac{颤蚓类个体数}{底栖动物个体数} \times 100\% \tag{5-12}$$

5.3.1.4　水昆虫与寡毛类湿重的比值

King 和 Ball 提出用水昆虫与寡毛类湿重的比值作为生物指数评价水质。此种方法无需将生物鉴定到种,仅将底栖动物中昆虫和寡毛类检出,分别称重按下式计算:

$$生物指数(生物比重) = \frac{昆虫湿重}{寡毛类湿重} \tag{5-13}$$

此指数值越小,表示污染越严重;反之,此值越大,表示水质越清洁。其变动范围从严重污染区的 0 到恢复区的 612。

5.3.2　种的多样性指数

种的多样性包括群落中的种类数及种类个体数分布两个概念。标准的自然生物群落通常由少数具有许多个体的种类和多数具有少量个体的种类组成。环境污染会导致水体中生物群落内总的生物种类数下降,那些能忍受污染环境的生物种类由于减少了竞争对手,个体数往往会增加。多样性指数在水质监测和评价上概括了群落结构的信息,形成了数值表现形式,为生物学评价水质提供了一个崭新的途径,表5-4择录了几种主要公式。

表5-4　几种常用的多样性公式

作者及公式名称	计算公式	水质评价标准
格里森(Gleason,1922) 多样性指数	$d = \dfrac{s}{\ln N}$	d 值越大,表示水质越净
辛普森(Simpson,1949) 组合形多样性指数	$d = \dfrac{N(N-1)}{\sum\limits_{i=1}^{s} n_i(n_i-1)}$	d 从 1 至 ∞。当所有个体都属同种时,$d=1$;当所有个体均为不同种时,$d = \infty$。d 值越大,污染越轻
曼金尼克 (Menkinick,1964) 多样性指数	$\alpha = \dfrac{S}{\sqrt{N}}$	α 值越大,水质越净
惠尔姆多利斯 (Wilhmqdorris,1966) 重要性指数	$R = \dfrac{H_{max} - \overline{H}}{H_{max} - H_{min}}$	R 值越大,多样性越小,污染越重
仙农(Shannon,1965) 群落多样性指数	$\overline{H} = -\sum\limits_{i=1}^{s} \dfrac{n_i}{N} \lg \dfrac{n_i}{N}$ $H_{max} = \lg N! - S\lg(\dfrac{N}{S})!$ $H_{min} = \lg N! - \lg(N-S+1)!$	$\overline{H}$ 越大,群落多样性越丰富,表示物种信息量越大,水质越净

5.3.3 水质污染的微生物指标

微生物与区域环境相互作用、相互影响。不同的区域环境中生存着不同的微生物种群,它的形成具有相对的稳定性。当区域环境发生改变时,微生物种群也随之发生演变,以适应新的环境。因此,微生物的数量和种群组成可作为水体质量综合评价的指标。另外,微生物在水体中既是污染因子,又是净化因子,是水生生态系统中不可缺少的分解者。中国科学院南京地理湖泊研究所建立了一个评价分级表,见表5-5。

表 5-5　按微生物划分水体受有机物污染与净化区段

区段 (受有机污染程度)	细菌总数 (个/mL) (平板稀释法)	好氧性异氧菌的分布 (按形态特征)	丝状真菌分布(按形态特征)	大肠菌群数 (个/L) (发酵法)
多菌区 (重污染)	$1 \times 10^6 \sim$ 1×10^7	种类多而杂,捍菌数量较多,尤以肠道常见菌和腐生菌为优势,并出现兼性厌氧芽胞菌	较多 有地霉、青霉	$> 5 \times 10^4$
α—次菌区 (重污染)	$< 1 \times 10^6$	大量出现大、小捍菌与杆菌	较多 有地霉、毛霉、青霉	$1 \times 10^4 \sim 5 \times 10^4$
β—次菌区 (轻污染)	$< 1 \times 10^5$	较大量是小捍菌型、$G-$菌,并出现好氧性芽胞菌	少量 有青霉、镰刀霉	$1 \times 10^3 \sim 1 \times 10^4$

5.4 湖泊水质评价

5.4.1 湖泊环境概述

湖泊是被陆地围着的大片水域。湖泊是由湖盆、湖水和湖中所含有的一切物质组成的统一体,是一个综合生态系统。湖泊水域广阔,贮水量大。它可作为供水水源地,用于生活用水、工业用水、农业灌溉用水;也可作为水产养殖基地,提供大量的鱼虾以及重要的水生植物和其他贵重的水产品,丰富人民生活,增加国民收入。湖泊总是和河流相连,组成水上交通网,成为交通运输的重要道路,对湖泊流域内的物质交流,繁荣经济起到促进作用。它还可作为风景游览区、避暑胜地、疗养基地等。总之,它具有多种用途,湖泊的综合利用在国民经济中具有重要地位。

我国幅员辽阔,是一个多湖泊的国家,天然湖泊遍布全国各地,星罗棋布。面积在 1 km² 以上的湖泊有 2 800 多个,总面积为 8 万多 km²,约占全国陆地面积的 0.8%。面积大于 50 km² 的大、中型湖泊有 231 个,占湖泊总面积的 80% 左右。

湖泊的综合利用在国民经济中发挥作用的同时受到人类的污染。湖泊的污染途径主要有以下几种。

河流和沟渠与湖泊相通,受污染的河水、渠水流入湖泊,使其受到污染。湖泊四周附近工矿企业的工业污水和城镇生活污水直接排入湖泊,使其受到污染。湖区周围农田、果园土地中的化肥、农药残留量和其他污染物质可随农业回水和降雨径流进入湖泊。大气中的污染物由湖面降水清洗注入湖泊。此外,湖泊中来往船只的排污及养殖投饵等,亦是湖泊污染物的重要来源之一。

如此多的污染源,使得湖泊中的污染物质种类繁多。它既有河水中的污染物、大气中的污染物,又有土壤中的污染物,几乎集中了环境中所有的污染物。

从湖泊水文水质的一般特征来看,湖泊中的水流速度很低,流入湖泊中的河水在湖泊中停留时间较长,一般可达数月甚至数年。由于水在湖泊中停留时间较长,湖泊一般属于静水环境。这使湖泊中的化学和生物学过程保持一个比较稳定的状态,可用稳态的数学模型描述。由于静水环境,进入湖泊的营养物质在其中不断积累,致使湖泊中的水质发生富营养化。进入湖泊的河水多输入大量颗粒物和溶解物质,颗粒物质沉积在湖泊底部,营养物使水中的藻类大量繁殖,藻类的繁殖使湖泊中其他生物产率越来越高。有机体和藻类的尸体堆积湖底,它和沉积物一起使湖水深度越来越浅,最后变为沼泽。

根据湖泊水中营养物质含量的多少,可把湖泊分为富营养型和贫营养型。贫营养湖泊水中营养物质少,生物有机体的数量少,生物产量低。湖泊水中溶解氧含量高,水质澄清。富营养湖泊中生物产量高,它们的尸体需要耗氧分解,造成湖水中溶解氧下降,水质变坏。

湖泊的边缘至中心,由于水深不同而产生明显的水生生物分层,在湖深的铅直方向上还存在着水温和水质的分层。随着一年四季的气温变化,湖泊水温的铅直分布也呈有规律的变化。夏季的气温高,湖泊表层的水温也高。由于湖泊水流缓慢处于静水环境,表层的热量只能由扩散向下传递,因而形成了表层水温高、深层水温低的铅直分布,整个湖泊处于稳定状态。到了秋末冬初,由于气温的急剧下降,湖泊表层水温亦急剧下降,水的密度增大,当表层水密度比底层水密度大时,会出现表层水下沉,导致上下层水的对流。湖泊的这种现象称为"翻池"。翻池的结果使水温水质在水深方向上分布均匀。翻池现象在春末夏初也可能发生。水库和湖泊类似,同样具有上述特征。

5.4.2　湖泊水环境质量评价

对湖泊环境质量现状评价主要包括水质评价、底质评价、生物学评价和综合评价几个方面。

5.4.2.1 水质评价

湖泊(包括水库)水质评价中,对水质监测有相应要求。监测点的布设应使监测水样具有代表性,数量又不能过多,以免监测工作量过大。因此,应在下列区域设置采样点:河流、沟渠入湖的河道口,湖水流出的出湖口,湖泊进水区、出水区、深水区、浅水区、渔业保护区、捕捞区、湖心区、岸边区、水源取水处、排污处(如岸边工厂排污口)。预计污染严重的区域采样点应布置得密些,清洁水域相应地稀些。不同污染程度、不同水域面积的湖泊,其采样点的数目也不应相同。湖泊分层采样和湖泊水库采样点最小密度要求如表5-6所示。

表5-6 湖泊分层采样和湖泊水库采样点最小密度要求

湖泊面积(km²)	监测点个数	湖泊水深(m)	分层采样
10 以下	10	5 以下	表层(水面下 0.3~0.5 m)
10~100	20	5~10	表层、底层(离湖底 1.0 m)
100~500	30	10~20	表层、中层、底层
500~1 000	40	20 以上	表层,每隔 10 m 取一层水样或在水温跃变处上、下分别采样
1 000 以上	50		

湖泊水质监测项目的选择主要根据污染源调查情况、湖泊的用处、评价目的而确定。《环境影响评价导则与标准》中提供了按行业编制的特征水质参数表,根据建设项目特点、水域类别及评价等级选定,选择时可适当删减。一般情况下,可选择 pH 值、溶解氧、化学耗氧量、生化需氧量、悬浮物、大肠杆菌、氮、磷、挥发酚、氰、汞、铬、镉、砷等,根据不同情况可适当增减监测项目。在采样时间和次数上,可根据评价等级的要求安排。监测应在有代表性的水文气象和污染排放正常情况下进行。若想获得水质的年平均浓度,必须在一年内进行多次监测,至少应在枯、平、丰水期进行监测。

在水质评价标准的选择上,应根据湖泊的用处和评价目的选用相应的地表水环境质量标准。目前,国内外多采用分级叠加法和污染指数法等湖泊水质评价方法。污染指数具有概念明确、计算简便和可比性强等优点,其计算方法与河流水质污染指数法相同。

5.4.2.2 底质评价

底质监测点的布置位置应与水质监测点的布点位置相一致,采样也应与水质采样同时举行。以便于底质和水质的监测资料相互对照。底质监测项目,参照污染源调查中易沉积湖底的污染物质,结合水质调查的污染因子进行确定。

在底质评价标准的选择上,我国还没有湖泊底质评价标准,这给评价带来了困难。通常以没受污染或少受污染湖泊的底质的污染物质自然含量作为评价标准。这种自然含量是以平均值加减两倍的标准差来确定的。根据各采样点的综合污染指数,可绘制出湖泊底质的综合污染指数等值线图以及底质污染程度分级的水域分布图。然后用污染程度分级的面积加权法,求出全湖泊平均的底质污染分级。

5.4.2.3 生物学评价

与 5.3 江河水质评价相同。

5.4.2.4 湖泊水质综合评价

在进行湖泊水质评价、底质评价和生物学评价的基础上,可利用加权法进行湖泊环境质量的综合评价。

$$M = \sum M_i W_i \tag{5-14}$$

$$I = \sum I_i W_i \tag{5-15}$$

式中:W_i 为水质、底泥和生物学评价在综合评价中所占的权重;M_i 为水质、底泥和生物学评价的分级值;M 为监测点的综合分级值;I 为监测点的综合污染指数。

5.4.3 湖泊富营养化状况评价

5.4.3.1 评价指标

评价指标包括叶绿素(chla)、总磷(TP)、总氮(TN)、透明度

（SD）、高锰酸盐指数（COD_{Mn}）。

5.4.3.2 评价方法

评价方法采用综合营养状态指数法（$TLI(\sum)$），其计算公式如下：

$$TLI(\sum) = \sum_{j=1}^{m} W_j TLI(j) \qquad (5\text{-}16)$$

式中：$TLI(\sum)$ 为综合营养状态指数；W_j 为第 j 种参数的营养状态指数的相关权重；$TLI(j)$ 为第 j 种参数的营养状态指数。

以 chla 作为基准参数，则第 j 种参数的归一化的相关权重计算公式为：

$$W_j = \frac{r_{ij}^2}{\sum_{j=1}^{m} r_{ij}^2} \qquad (5\text{-}17)$$

式中：r_{ij} 为第 j 种参数与基准参数 chla 的相关系数；m 为评价参数的个数。

中国湖泊（水库）的 chla 与其他参数之间的相关关系 r_{ij} 及 r_{ij}^2 见表 5-7。

表 5-7　中国湖泊（水库）的 chla 与其他参数之间的相关关系 r_{ij} 及 r_{ij}^2 值

参数	chla （mg/m^3）	TP （mg/L）	TN （mg/L）	SD （m）	COD_{Mn} （mg/L）
r_{ij}	1	0.84	0.82	-0.83	0.83
r_{ij}^2	1	0.705 6	0.672 4	0.688 9	0.688 9

各项目营养状态指数计算如下：

$TLI(\text{chla}) = 10 \times (2.5 + 1.086 \ln\text{chla})$

$TLI(\text{TP}) = 10 \times (9.436 + 1.624 \ln\text{TP})$

$TLI(\text{TN}) = 10 \times (5.453 + 1.694 \ln\text{TN})$

$TLI(\text{SD}) = 10 \times (5.118 - 1.94 \ln\text{SD})$

$TLI(\text{COD}_{Mn}) = 10 \times (0.109 + 2.661 \ln\text{COD}_{Mn})$

5.4.3.3 湖泊营养状态分级

采用 0～100 的一系列连续数字对湖泊（水库）营养状态进行分

级：当 $TLI(\sum) < 30$ 时，为贫营养；当 $30 \leqslant TLI(\sum) \leqslant 50$ 时，为中营养；当 $TLI(\sum) > 50$ 时，为富营养；当 $50 < TLI(\sum) \leqslant 60$ 时，为轻度富营养；当 $60 < TLI(\sum) \leqslant 70$ 时，为中度富营养；当 $TLI(\sum) > 70$ 时，为重度富营养。

在同一营养状态下，指数值越高，其营养程度越重。

5.5　地下水水质评价

地下水资源既是水资源的重要组成部分，又是构成生态环境的重要因素，在经济社会可持续发展中具有重要的地位。随着社会和经济的发展，人民生活水平的提高，对地下水资源的要求亦越来越高。然而，由于人类对生产、生活所产生的固体、气体和液体、废物处置不当，从不同途径对地下水环境造成的污染越来越严重，有些地区地下水污染已到了相当严重的程度，对人类的正常生存已造成了很大的威胁。因而，要全面客观真实地反映我国地下水饮用水源地的水质状况，就必须对地下水进行水质评价，进而为控制地下水污染、保证地下水水质提供依据与规范。

5.5.1　地下水污染

地下水污染是指人类活动使地下水的物理、化学和生物性质发生改变，因而限制或防碍地下水在各个方面的应用。

地下水污染源的划分方法很多，在地下水环境质量评价中常用的方法是按产生污染物类型来划分，如工业污染源、生活污染源、农业污染源等。另外，还有通过矿井、坑道、岩溶注入地下水的采矿排水，以及石油勘探与开采中，使石油由地下深处进入浅部含水层，或因输油管道破裂均会造成地下水污染。在沿海地区，开采地下水可能引起海水入侵而使地下水中氯离子含量增高，矿化度上升。

地下水污染类型一般按物质成分及其对人体的影响划分为地下水的细菌污染与化学污染两大类，也有人把地下水的热污染单独划分一类,而成为三种类型。细菌污染和热污染的时间与范围均有限,而化学污染则常具有区域性分布特点,时间上长期稳定,难以消除。

5.5.1.1　地下水的细菌污染

世界上曾由于地下水细菌污染而多次爆发严重的传染病(肠胃系统)流行事件。这种污染是指水中出现了病原菌。判断水是否遭到病菌污染的主要方法是确定大肠杆菌在水中的数量。按现行卫生标准,1 L水中大肠菌群的数量(菌度)不超过 3 个即为净水。此外,细菌总数在 1 mL 水中不超过 100 个,游离性余氯在接触 30 min 后不低于 0.3 mg/L(对于集中式供水管网末梢水的游离性余氯还应不低于 0.05 mg/L)的水也称为净水。

因为病原菌在地下水中的生存时间有限,所以细菌污染扩散面积不大,大多数情况下,细菌污染的含水层部位都很浅,故常常只是浅水受到污染。

5.5.1.2　地下水的化学污染

化学污染是指地下水中出现新的污染组分或已有的活性织分含量增加。地下水的化学污染对人体健康会造成直接的(导致人体中毒或疾病)或间接的(水的气味、味道、颜色等不适于饮用)影响。特别是污染物在运移过程中不能自净时就会长期存在于地下水中,给人们带来较大的危害。

5.5.1.3　地下水的热污染

热污染是指工业企业或热电站的冷却循环热水进入地下水而引起的污染。一般认为,热水进入含水层后会形成固定的增温带,破坏了原有的水热动力平衡状态。遭到热污染的地下水浸入地表水后,使水温增高。试验表明,当地表水水温增至 27 ~ 30 ℃时,水生植物迅速增长,水中分解氧大量减少,致使水生生物因缺氧而死亡。

三种类型的污染有时会相伴发生。例如,由工业"三废"所造成的地下水化学污染,有时与城镇居民点、城市生活小区的生活污水导致地下水的细菌污染结合起来,两种污染并存。生活污水除细菌污染外,还可以造成持久的地下水化学污染,因为它们含有大量的表面活性物质。在工业企业地区,降水冲刷溶解地面废渣形成的固体污染物质以及地面废水都可渗入含水层而污染地下水。

地下水水源地的水质受天然水化学特征和人为影响的双重影响,在水质评价中,应区别对待这两类问题。而评价的关键之一是地下水水质评价指标和水质标准的选取,不同的评价指标和水质标准直接影响评价结果。水源地水质状况按照不同水质类别的水源地数量来评价。按照地下水质量标准,依据我国地下水水质现状、人体健康基准值与地下水质量保护目标,参照生活饮用水、工业用水与农业用水水质要求可分为:

Ⅰ类:主要反映地下水化学组分的天然低背景含量,适用于各种用途。

Ⅱ类:主要反映地下水化学组分的天然背景含量,适用于各种用途。

Ⅲ类:以人体健康基准值为依据,主要适用于集中式生活饮用水水源及工业、农业用水。

Ⅳ类:以农业和工业用水要求为依据,除适用于农业和部分工业用水外,适当处理后可作为生活饮用水。

Ⅴ类:不宜饮用,其他用水可根据使用目的选用。

5.5.2 地下水的水质监测

为了及时了解地下水水质状况,防止地下水水质污染,要定期地进行地下水水质监测。地下水水质监测工作是环境监测工作的一部分。对地下水污染监测的目的是查明地下水的污染状况,掌握地下水污染的变化趋势,进行水质污染预报。

5.5.2.1 监测点网布置原则

监测点网的布置应根据已掌握的水文地质条件、地下水开发利用状况、污染源的分布和扩散形式,采取点面结合的方法,抓住重点,并对整个评价区域都能作适当控制。监测的对象主要是那些有害物质排放量大、危害性大的污染源,重污染区,重要的供水水源地等。

观测点的布置方法主要应根据污染物在地下水中的扩散形式来确定。

在地下水的供水水源地,必须布设 1~2 个监测点。水源地面积大于 3~5 km² 时,应适当增加监测点。在水源(供水含水层)分布区每 5~10 km² 布设一个监测点,在水源地上游地区应布置清洁对照测点。

对于排污渗井或渗坑,堆渣地点等点状污染源可沿地下水流向、自排污点由密而疏布点,以控制污染带长度和观测污染物弥散速度。含水层的透水性较好,地下水渗流速度较大的地区,污染物扩散较快,则监测点的距离可稀疏些,观测线的延伸长度可大些。反之,在地下水流速小的地区,污染物迁移缓慢,污染范围小,监测点布置在污染源附近较小的范围内。监测点除沿地下水流向布置外,还应垂直流向布点,以控制污染带深度。例如,北京某污水渗坑监测断面的布置如图 5-2 所示。

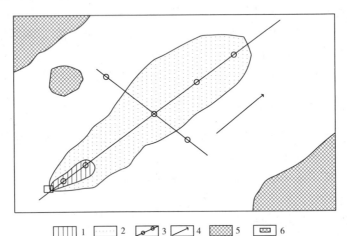

1—重污染区;2—轻污染区;3—监测点及监测线;

4—地下水流向;5—基岩山区;6—污水渗坑

图 5-2　污水渗坑监测断面的布置示意图(引自北京市地质局的资料)

对线状污染源,如排污沟渠、污染的河流等,应垂直线状污染体布置监测断面,监测点自排污体向外由密而疏,污染物浓度高、污染严重、河流渗漏性强的地段是监测的重点,应设置2~3个监测断面。在河渠水中污染物超标不大或渗漏性较弱的地区,设置1~2个监测断面。基本未污染的地段可设一个断面或一个监测点,以控制其变化,如图5-3所示。

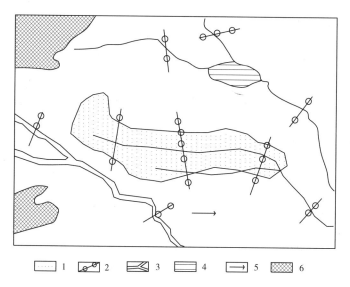

1—地下水污染区;2—监测点线;3—河流;

4—沟渠水塘;5—地下水流向;6—基岩山区

图5-3 河渠污水渗漏污水监测断面布置示意图

对面状污染源(如污灌区)的监测,可用网格法均匀布置监测点、线。污染严重的地区多布,污染较轻的地区则少布。

对不同类型的地下水或不同含水层组,应分别设置监测点,特别是浅层水与深层水,第四系松散层地下水与基岩地下水等应分别监测。

监测井孔的选择:最好选择那些常年使用的生产井,以确保水样能代表含水层真实的化学成分。井筒结构,开采层位也符合观测要求。在农业污灌区还应考虑监测井附近的交通条件,在满足监测要求的原则下,选择交通条件较好的井孔作监测井,以利于长期监测和便于采样。在无生产井的地区,可打少量专门的水质监测孔或分层监测孔,以保证监测工作的需要。废井、长期不用和管理不良的井不宜作为监测井。

5.5.2.2　监测内容及采样要求

为了查明地下水污染的过程,除监测地下水外,还应根据水文地质特点和环境条件,适当地进行一些地表水的监测。地下水的监测项目一般有氨氮、亚硝氮、硝氮、总硬度、pH 值、耗氧量、总矿化度、钾、钠、钙、镁、重碳酸根、硫酸根、氯离子、酚、氰化物、汞、砷、镉、总铬、氟、油、大肠杆菌个数、细菌总数等。此外,各地还可根据当地水文地质条件、工业排废情况,适当增加或减少项目。

采样时间:每年地下水的丰水期、枯水期及平水期分别各采样 1 ~ 2 次。

在经常开采的井中采样时,必须进行抽水,待孔内积水排除后再采样。

水样的采集和保管方法在污染水文地质调查中尤为重要。因为正确的采样和保存水样,使样品保持原来各种物质成分,是保证分析化验结果符合实际情况的重要环节。所采集样品不但要求有代表性,而且要求样品在保存和运送期间,不致有所变化,以免造成不客观的分析结果。为此,对水样的采取和保管提出一些要求和注意事项。

5.5.2.3　监测资料整理

凡国家监测点,必须建立环境基本情况登记表,说明监测点含水层类型,井、泉的地质条件与结构,地下水开采使用情况和附近的人类活动状况等。

监测点网用 1:2.5 万 ~ 1:20 万的比例尺地形底图标示,用不同符号标明各监测点含水层类型,并予以编号。

监测数据应编制成 1:2.5 万~1:10 万比例尺的污染分布图,离子含量图(或等值线图),或检出、超标点分布图。

监测数据应按枯水期、丰水期及平水期三个时期,以现行生活饮用水卫生标准为根据,进行各种毒物或指标的检出率、超标率及检测值的统计编制成表。

最后应编写监测报告,说明地下水污染状况和趋势,并对今后地下污染防治提出具体建议。

5.5.3 地下水水质综合评价

5.5.3.1 评价因子

地下水的污染物质种类繁多。无机化合物有几十种,有机化合物有上百种,且在不同地区,由于工业布局不同,污染源的差异也很大。因此,影响地下水水质的因子选择应根据评价区的具体情况而定。在一般情况下,可以把影响地下水水质的评价因子分为如下几类:

(1)构成地下水化学类型和反映地下水性质的常规水化学组成的一般理化指标,有 K^+、Na^+、Ca^{2+}、Mg^{2+}、SO_4^{2-}、Cl^-、HCO_3^-、NH_4^+、NO_2^-、NO_3^-、pH 值、矿化度、总硬度、溶解氧、耗氧量等。

(2)常见的金属和非金属物质,如 Hg、Cr、Cd、Pb、As、F、C、N 等。

(3)有机有害物质,如酚、有机氯、有机磷以及其他工业排放的有机物质等。

(4)细菌、病虫卵、病毒等。

在评价地下水水质时,除第一类反映地下水水质的一般理化指标外,还要根据各地区的污染特点选择评价因子。由于地表污染源、地层地质结构、地貌特征、植被、人类开发工程、水文地质条件及地下水开发现状等也直接影响地下水水质,所以有些环境地质工作者在评价中把这些因素也作为评价因子的选择对象。

5.5.3.2 评价标准的选择

目前,常以生活饮用水的卫生标准作为评价标准,因地下水多用于城市供水及生活饮用。若地下水有其他用途,可根据用途和要求参考国家规定的各类用水标准。

5.5.3.3　评价方法

1. 水质单因子评价指数法

在地下水环境质量评价时,对重要的水质指标可作单因子评价,其指数计算式如下:

$$I_i = C_i / C_{0i} \qquad (5\text{-}18)$$

式中:I_i 为水质单因子指数;C_i 为地下水中某组分实测浓度;C_{0i} 为某组分的污染起始值或有关标准。

当评价地下水是否受到污染时,宜用污染起始值作为 C_{0i},这时,$I_i \leqslant 1$ 说明地下水尚未受到污染,而 $I_i > 1$ 说明地下水已经受到污染;当评价地下水是否适于某种用途时,宜用国家或地区标准作为 C_{0i},这时,$I_i \leqslant 1$ 说明该项水质指标尚未超标,$I_i > 1$ 说明其已经超标。

水质单因子评价指数能直观地说明水质是否污染或超标,计算简便,但不能反映地下水质量的整体状况。为了全面反映地下水的质量状况,还必须计算其综合评价指数。

2. 水质综合评价指数法

水质综合评价的指数或模式颇多,但还没有一种普遍适用于地下水环境质量评价的模式。这是因为地下水环境质量差异很大,情况错综复杂,所以最好根据不同环境条件,选择最能客观反映该评价区地下水环境状况的、分辨率高的模式。下面将各种水质综合评价指数的计算式及适用条件列出,见表5-8。

除上述方法外,也有很多诸如模糊综合评价法、灰色综合评价法、神经网络综合评价法等目前水环境评价领域里的新方法。限于篇幅,这里不再详述,可参阅有关资料。

5.5.3.4　地下水污染程度图的编制

根据计算出的各监测点的污染综合指数,确定各点的污染程度等级,在适宜比例尺的地形图上,按监测点的坐标位置将污染等级相同的各点连成等值线,绘出不同的污染区,即为直观的地下水污染程度图。最后作出地下水质量评价,编写评价报告,说明地下水污染现状和发展趋势,并对今后地下水污染防治提出具体建议。

表 5-8　水质综合指数一览

名称	计算式	适用条件
均值模式	$PI = \dfrac{1}{n}\sum\limits_{i=1}^{n} I_i$	适用于地下水基本无污染、水质较好的地区
加权均值模式	$PI = \sum\limits_{i=1}^{n} W_i I_i,\quad \sum\limits_{i=1}^{n} W_i = 1$	适用于城市地下水区划,但不能用 PI 值直接判断水质好坏
内梅罗模式	$PI = \sqrt{(I_{平均}^2 + I_{最大}^2)/2}$	适用于仅有一个分指数超标的情况,当有两个以上分指数超标时,分辨率不高
混合加权模式	$PI = \sum\limits_{1} W_{i1} I_i + \sum\limits_{2} W_{i2} I_i$ $W_{i1} = I_i \big/ \sum\limits_{1} I_i \quad (I_i > 1)$ $W_{i2} = I_i \big/ \sum\limits_{2} I_i \quad (一切\ I_i)$ 式中:$\sum\limits_{1}$ 为对诸 $I_i > 1$ 求和; $\sum\limits_{2}$ 为对一切 I_i 求和	适用于水质变化较大的地区。此式分辨率高,当有一个分指数超标时,$PI > 1$;当所有分指数均不超标时,$PI < 1$
双指数模式	$Q_i = \sum\limits_{i=1}^{n} W_i I_i,\quad \sum\limits_{i=1}^{n} W_i = 1$ $\sigma_i^2 = \sum\limits_{i=1}^{n} W_i I_i^2 - Q_i^2$ (报警值 Q_i:0.8;σ_i^2:0.16)	适用于城市地下水区划,但分辨率不高

名称	计算式	适用条件
半集均方差模式	$$PI = I + S_h$$ $$S_h = \sqrt{\sum_{j=1}^{n} (I_i - I)^2 / m}$$ 式中:I_i 为大于中位数半集的分指数 $(j = 1, 2, \cdots, m)$ $$m = \begin{cases} \dfrac{n}{2} & \text{当 } n \text{ 为偶数时} \\[2mm] \dfrac{n-1}{2} & \text{当 } n \text{ 为奇数时} \end{cases}$$ n 为全部分指数个数	适用于城市地下水区划,有较高分辨率,但不能直接判断水质好坏

表 5-8 中的内梅罗(N. L. Nemerow)模式是我国应用较早的一种综合指数计算式,对此研究和应用得较多。

第6章 水环境影响评价

6.1 水环境影响评价的特点

虽然水环境影响评价必须以一定的水环境质量(现状)评价为先导,依靠环境质量(现状)评价提供的数据作进一步的分析、研究,但是两者是不同的,决不可混为一谈。水环境质量评价和水环境影响评价在性质上是有明显区别的,它们不仅在时间序列上有差异,在目的、任务、内容和方法上也都有不同。

第一,环境影响评价工作与开发建设活动紧密相连,构成开发建设前期工作的一部分,其内容直接由建设项目的内容所决定。它基本上只涉及开发建设活动能产生影响的那些环境要素和环境过程以及环境对开发建设活动的制约。因此,要密切围绕一个具体建设项目进行评价。工作内容和评价结论具有较强的建设项目针对性。而环境质量评价则是对某一区域内环境状况较全面的了解,其内容包括区域内的全部环境要素。

第二,环境影响评价的重点是对开发建设活动的环境影响进行科学分析和预测,要考虑到环境要素和环境过程的动态变化,应用适于预测的动态评价方法。而环境质量评价的目的主要是对一定区域环境,特别是污染现状的了解,应用的是静态方法。在环境影响评价中也研究现状,但它是为了预测未来的。

第三,环境影响评价工作构成开发建设决策的一个重要部分。因此,在现状调查、分析预测、环境经济效益分析和风险分析等的基础上提出可行性意见和必要的环境保护措施,这是影响评价工作的又一重点。环境质量评价则不包括这方面的内容,它可以在一个更广的角度对区域规划和重点污染治理等方面提出科学依据。

6.2 影响评价工作的目的、内容和程序

6.2.1 影响评价工作的目的

水环境影响评价工作与开发建设项目紧密联系,从保护水环境的角度出发,考察项目对水环境各个方面将产生的影响,作出预测和评价。通过评价确定工程建设的可行性,并提出保护水环境的对策和措施。评价一个工程项目对水环境影响是为该建设项目的布局、选址和确定该项目的性质、规模服务,同时提出相应的水环境保护措施。因此要求做到:

(1)从保护水环境的角度确定拟建项目是否适宜。

(2)对可以进行建设的项目,提出保护水环境的对策和措施。

(3)为整个工程的环境影响评价提供水环境方面信息。

另外,还存在一种区域开发的水环境影响评价,根据国家(或地方)的规划,在某个区域中将进行一系列开发建设活动,兴建一批建设项目,为确定区域内建设项目的布局、性质、规模和结构以及发展的时序,就需要进行区域开发对水环境影响评价。这种评价更具有战略性,它着眼于在一个区域内如何合理地进行开发建设。

6.2.2 水环境影响评价的主要内容

水环境影响评价主要包括以下几部分内容:

(1)对环境概况的了解:包括对工程项目及所在地区环境特别是水环境概况。

(2)水环境影响分析:通过对工程及环境的了解,分析工程可能对水环境的影响,确定影响范围和时间,选择有关的水质指标,明确深入工作的方向。

(3)收集整理资料:根据影响分析的结果及水环境现状评价及

水质预测的需要,收集现有资料或补充调查、监测有关资料,特别是有关所选定的水质指标的资料及受影响的水域和时段的水文、水质资料。

(4)水环境现状评价:是建设项目对水环境影响评价和水质预测的主要依据。水环境现状评价为预测的目的而研究现状,不但需了解水环境现状,而且要了解水体自净规律。

(5)水质预测:是对水环境在工程投产后可能发生的变化,作出定性判断或定量预测。

(6)水环境影响评价:根据水环境变化预测结果确定工程建设的可行性,提出水环境要求和保护对策、意见。最后要提出工程对水环境的影响报告书。

6.2.3 水环境影响评价程序

水环境影响评价的工作过程,从接受评价任务委托书到交付环境影响评价报告书,一般可分为准备、实施、总结三个阶段。水环境影响评价的基本工作程序如图 6-1 所示。

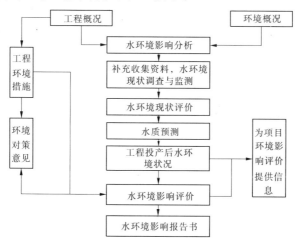

图 6-1 水环境影响评价的基本工作程序

6.3　水环境影响评价的前期工作

在水环境影响评价工作的准备阶段,必须了解拟建工程及所在地区环境状况,以便于确定评价工作等级和编写评价工作大纲。

6.3.1　建设项目情况

(1)项目性质。不同性质的建设项目对水环境可能产生的影响不同,其影响可参考表 6-1 及国家规定的各行业排放污染物的标准。

表 6-1　各项工程可能的环境影响

环境指标	建筑	高速公路	城市发展	工业	电厂	水利建筑	矿山	农业灌溉	森林管理
地表水排泄		√	√			√		√	
地表水温度	√			√	√	√		√	√
BOD			√	√				√	
DO			√	√		√			
悬浮物	√	√	√	√	√	√	√		√
浑浊物	√	√							√
总溶解固体			√				√		
pH 值				√		√			
细菌和病毒			√			√		√	
氮			√	√		√	√		√
磷		√		√		√		√	
硬度				√				√	
Fe 与 Mn				√		√			
氯化物		√	√	√			√		

环境指标	建筑	高速公路	城市发展	工业	电厂	水利建筑	矿山	农业灌溉	森林管理
重金属				√	√	√	√		
放射性				√	√				√
农药				√					
有毒物质						√		√	
温度成层				√	√				
洪泛			√					√	
地下水质		√	√					√	
水量			√						
侵蚀	√	√	√			√	√	√	√
沉积	√	√	√			√	√	√	√
水量需求			√		√		√	√	
废水系统			√						

（2）项目位置及占地。了解建设项目与地形及天然水系的关系，以估计项目对水分循环及水体的影响。

（3）项目规模。包括工厂产品的种类、数量、产值、水库的库容、矿山开挖的开采量等，大型项目还要注意职工人数，以便考虑由人口增加带来的问题。

（4）项目用水情况。包括项目用水量、取水来源及取水点位置等。

（5）项目排水情况。包括项目排水量（包括生产、生活各类废水量）、排水途径（可能有排入管网进入污水处理厂、排入排污渠道，直接排入水体等），排入水体的污水排放口位置，排放规律（均匀排放还是瞬时间歇排放），排放种类及污染物状况，掌握废水类型及各项水质指标,计算所含主要污染物的日(或年)排放总量。

上述资料可从项目建议书或项目可行性研究报告中获得,也可类比已有的类似工程,访问环境保护部门或工程主管部门,根据项目的类型和规模适当推算有关数据。

6.3.2 环境状况

了解工程所在地区自然环境的一般情况,重点了解水环境状况。

6.3.2.1 自然环境状况

自然环境状况包括地质构造、地形、地貌、地下水、土壤、生物及气象等。地形与气候这两个因素对水体的水文状况有直接影响,应重点掌握。必须研究的气象要素有气温、降水量、蒸发量和各种大气现象等。

6.3.2.2 水环境状况

(1)河道特征:包括断面形状、河床宽度、河床坡降和糙率、水深、流速、流态、急流、浅滩等特征,确定河流类型(属于平原河流还是山区河流),掌握河流特点。

(2)河流水文变化规律:分析河流水位、流速、丰枯水流量、泥沙等状况。了解径流的年际变化,年内月、日变化规律。各时期平均流量、流速和含沙量。

(3)湖泊(水库)水文变化规律:调查湖泊(水库)的水量(库容),年内、年际变化规律,进出湖水平均流量,各时段水量平衡状况,平均水深、水位与蓄水量的关系,水面面积和水位的关系,湖泊形状,调查河、湖水温日、年变化及垂向变化、封冻及解冻状况。

(4)水质状况:反映水质状况的指标很多,可分为物理、化学和生物三种,详见水质监测。对某一水体进行调研时,应根据实际情况取适当的若干水质指标。

(5)污染指标的掌握:须了解污染类型(有机污染、重金属污染、富营养化、农药及有毒物质污染等)、污染物的空间分布及污染程度、污染强度的时间变化规律(一般状况及污染最严重时的污染物浓度和持续时间)。

(6)工程所在区域的水质现状及发展趋势。

6.4 水环境影响分析

水环境是由多种要素相互影响、相互联系的综合体。建设项目对水环境某些要素可能产生直接影响,而某一环境要素的变化又可能引起其他要素的变化。因此,在影响分析中除考虑项目的直接环境影响外,还必须考虑它的间接影响(即二次影响)。

下面就河流水环境影响可能引发的问题作些简单的介绍。

6.4.1 项目对水环境可能产生的直接影响

6.4.1.1 项目用水对当地水资源供需平衡产生的影响

耗水大的建设项目与其影响的天然水体水量相比,比例较大时,需考虑工程投产后造成的水体水量的变化及影响。在枯水期,一个较大的工程项目对水量的影响也值得注意,特别对北方干旱地区,年内径流分配不均匀,水资源的供需矛盾将会突出。

6.4.1.2 项目建设对天然水循环时空变化的影响

大型水利工程建设在相当程度上改变了天然水分循环状况,下游河道受到人为的控制不再是原来的水文状况,从而引起冲淤变化;引水工程直接改变了天然河道的流向,甚至造成原有河流断流、干涸等。

6.4.1.3 项目排水对受纳水体水质的影响

水体水质发生变化一般是由于工程废水排入了天然水体。这种影响取决于工程废水中的质和量、与天然水体原有水质状况两个方面。影响将通过水体某一部位在某一时段某些水质指标的变化来体现。在影响分析中应搞清下列问题:

(1)估计影响的范围:首先划定敏感水域区,一般它是受排水影响显著的水域,或原来水体水质已较差,容量有限的水域,或需要特殊保护的水域(如养殖区、风景旅游区、浴场、珍稀水生生物活动区等)。另外,根据排水量及其主要污染特性以及受纳水体情况,初步定性估计影响可能达到的范围。

(2)考虑最需要注意的时段:一般枯水期是必须考虑的时段,此时河水中污染物浓度最高。对于有机污染,则可能需要注意封冻时段或季节气温对水体复氧的影响。

(3)选择最需要注意的水质参数:对于污染物排放量大、毒性较强的参数,应给予注意;对于热水排放,应考虑水温及受温度影响的BOD、DO等参数;对生存有保护价值生物的水体,则应考虑对生物敏感的物质;对于封闭水域,应注意营养物(N和P)参数,以防引起水体富营养化。

6.4.2 项目对环境可能产生的二次影响

6.4.2.1 水环境状况的变化对水生生物的影响

由于水质的变化,如温度的增高、溶解氧的减少可造成鱼类的死亡;营养物质的增加可导致湖泊、水库的富营养化引起水生生物种类的改变等;河道中修建水工建筑物后,可能切断鱼类洄游路径,破坏产卵场所等。

6.4.2.2 水质变化的影响

水质恶化可影响当地及下游地区的用水,如可能破坏水域现在的功能,使水质下降,当地及下游用水必须增加处理费用,甚至原来水源不能使用,需另找水源;农业用水因水质下降造成土壤物理、化学性质改变使农作物减产等。

6.4.2.3 水量变化对河道冲淤影响

水利工程如对河流流量产生很大影响,可能会改变河道特征。当流量、流速加大时,局部河段冲刷强烈,而当水流平缓时,大量泥沙发生淤积,可能导致河流改道;北方地区还影响河流的冰封期和冰下过流能力。

6.4.2.4 水循环变化对下游地区环境的影响

如上游水利工程大量蓄水,造成下游来水减少,甚至在枯水时河道断流,会引起下游生态环境的改变。同时,由于水源不足,也将引起社会经济结构的变化。

6.4.2.5 水量变化对局部小气候的影响

由于项目建设而带来较大水面的出现或消失,都将影响当地局部小气候,如空气强度的改变,降水量的增减,而气候的小幅度变化就将直接影响农作物的生长。

6.4.2.6 水位变化对上、下游地区的影响

大坝与水库的修建,显著改变了河湖水位,上游水位的提高造成土地、矿山、城镇的淹没,还会造成地下水位的抬高,干旱地区地下水位的抬高是造成土地盐碱化的主要原因。

总之,通过影响分析应做到:①初步分析出项目建设后水环境可能出现的问题。②根据可能出现的问题确定下一步工作的方向,拟定下一步工作计划大纲。③为下一步工作做好必要准备,确定须考察的水质参数、影响评价的范围及须深入研究的水域。

6.5 水环境现状评价工作

水环境现状评价工作如下:
(1)水环境污染现状调查。
(2)水环境质量现状评价与水体自净能力研究。

6.6 水环境影响预测与评价

水环境影响预测与评价工作是影响评价的主体,评价因子和水质预测方法的确定是完成这一工作的关键。

6.6.1　评价因子的选择

选择水环境影响评价因子时应考虑：

(1)建设项目排放废水中的主要污染物是什么？

(2)水环境中各主要污染物的背景值中,哪些项目接近或超过了地表水环境质量标准？接近或超过水环境质量标准的项目,称为环境敏感因子。敏感因子应选做评价因子,因为建设项目排放这种污染物的量即使很少,也可能造成水环境污染。

(3)现有水环境水质模型所描写的因子。

综合分析上述三个问题后,即可确定评价因子。评价因子不宜多,但要抓住影响水环境质量的主要因素。

6.6.2　水质预测及评价

水质预测为影响评价提供基本数据。现就对水质预测评价中一些关键性的问题作扼要说明。

6.6.2.1　评价的重点要素

建设项目对水环境质量的影响,不仅取决于污染物排放的数量,还与接受水体的污染物本底浓度有关。因此,评价重点要素的选择应由污染物排放量与接受水体的本底值综合考虑决定。建设项目排放的主要污染物种类及数量通常都是由项目设计单位提供的。

6.6.2.2　水质模型的选择

在评价因子确定之后,便可根据评价因子的特点和评价要求选定相应的水质预测模型。

6.6.2.3　水质模型中参数的选择

(1)不利条件的选择。在河流水环境影响评价中,通常都是选择影响河流水环境质量的最不利条件作为计算河流中污染物浓度的基本条件。河流的枯水期(一般为冬季)流量小,自净能力弱,是河流污染严重的时期。如用枯水期作为计算条件,那么枯水期不造成河流水质污染,平、丰水期就更不会造成河水污染。湖泊、水库则可按枯季最低水位或库容考虑。

（2）计算用河水流量及流速的确定。通常选用频率为 50%、80%、90%、95% 的年最小月平均流量及相应流速，或选用枯水期平均流量与流速。

（3）其他参数的确定：耗氧系数 K_1、复氧系数 K_2 等通常由试验方法或水质监测资料确定，并考虑随机性，常取多次平均值。如选用现有的 K_1、K_2 值，则应注意与现应用条件大体一致。污染时间可按求得的污染临界流量 Q_e，在设计（即代表恶劣条件）枯季流量历时曲线上查出。

6.6.2.4 评价标准

一般应按国家或地方公布的标准。根据具体情况，考虑今后发展，并征求当地环保部门的意见最后选定。

6.6.2.5 评价河段污染物的基本情况预测

计算建设项目对水环境的影响时，必须要考虑建设项目投产后，当时河段的基本水质（本底）状况。这要涉及区域环境规划和治理问题，情况比较复杂，一般只能由当地环保部门提供数据。目前评价中多以现状代替未来的本底值，这是不太科学的。

6.6.2.6 评价河段问题

一般评价时，需计算在设计流量下的下列数据：①建设项目总排污口下游断面处主要污染物的平均浓度。通常可用式（3-31）计算。②混合河段的长度，一般可用式（3-30）计算。③若干个衰减断面上污染物的平均浓度。衰减断面间的距离可按所研究的污染物的类型及河段水力特性决定，一般不小于 3 km，衰减断面应计算至污染物浓度达到建设项目影响前的水质状况的断面（即恢复原水质状态的位置处）。

有关水质预测和水环境容量的计算可详见本书 2.4 和 3.3 部分。

6.6.3 水环境影响评价的要点

根据建设项目对水环境影响的定性分析及定量计算结果,特别是对评价河段水质影响的定量数据,结合选定的评价标准,对水环境的影响作出客观评价,提出明确的评价意见。由于不同建设项目对水环境影响的内容不同,因而评价的重点也不同,但一般必须清楚阐明下列几个问题:

(1)建设项目对水环境影响的主要内容。

(2)建设项目是否有可能对水环境造成不可接受的影响。如果有,必须对其特点、表现、影响范围、影响程度和影响时间加以说明。

(3)从水环境角度考虑,建设项目的选点是否合适、规模是否恰当。若选点不合适,应说明其理由,若规模过大,应说明以控制多大规模为宜。

(4)如果项目有条件选择方案,应将它们对水环境的影响加以比较,选出最优方案。

(5)根据水环境要求对建设项目提出一些环境保护目标或对策建议,例如控制污染排放的具体数量、改进工艺,增加环境保护设施以及改变废水的排放规模等。

(6)环境经济损益简要分析。

建设项目对环境的影响主要表现在环境质量的降低,从而造成经济损失和对人体健康的影响。在看到建设项目对环境影响的损失时,也要看到建设项目的社会效益和经济效益。从社会效益、经济效益、环境效益统一的观点,全面分析建设项目的环境可行性,才能客观准确地评价一个建设项目。这里主要考虑的是建设项目对水环境影响的经济损益分析。

①工程的经济效益。在工程的经济效益中,应指出工程的总投资、年利税总值、投资回收年限、资金回收年限、资金利润率、投资税利率、内部收益率、贷款偿还年限等环保副产品的经济效益。

②工程的社会效益。建设项目的社会效益是多方面的,当建设

项目投产后,其产品应满足社会需要,改善生产和生活条件,减少进口和节省外汇等。一项建设项目建成能促进为其配套工业和服务行业的发展,促进当地经济文化的发展,同时增加了就业机会。特别是原材料工业、能源工业的建设项目建成后,促进了各行各业发展,其社会效益是不可低估的。

③工程影响环境的损益分析。它的任务是衡量建设项目需要投入的环保投资所能收到的环境保护效果。因此,在经济损益分析中除需计算用于控制污染所需投资和费用外,还要同时核算可能收到的环境与经济实效。

建设项目对环境的影响主要表现在对大气、水体、土壤的影响。这种环境质量的下降引起的损失很难用货币计算。只有尽可能把这种影响转化为农业、渔业、森林、草场的减产,把这种影响转化对建筑物、器物的损坏程度,以及对人身健康影响,以使用货币表示环境影响。目前,人们尝试把环境经济损益分析分解成具体指标,试图把损益直接转换为价值,以便于全面衡量建设项目的环保投资在经济上的合理水平。对上述三个效益,要综合分析,权衡利弊,对建设项目选址、规模大小、工艺等是否合理作出客观的回答。

6.6.4　结论与建议

结论及建议应包括水环境影响评价的主要内容,语言应简练、明确。一般包括下列内容:①水环境质量现状;②水污染源评价结论;③水环境影响预测结论;④水污染防治措施的可行性分析结论;⑤从社会效益、经济效益、环境效益统一的观点,回答建设项目的选址、规模及布局是否可行,必须有明确的结论;⑥对存在的有关环境问题所采取的对策与建议。

6.7　水环境影响评价报告书

环境影响评价报告书是环境影响评价工作成果的集中体现,是环境影响评价承担单位向其委托单位——工程建设单位或其主管单位提交的工作文件。

经环境保护主管部门审查批准的环境影响报告书,是计划部门和建设项目主管部门审批建设项目可行性研究报告或设计任务书的重要依据,是领导部门对建设项目作出正确决策的主要依据的技术文件之一。它对于设计单位,是进行环境保护设计的重要参考文件,并具有一定的指导意义。它对于建设单位,在工程竣工后进行环境管理时有重要的指导作用。因此,必须认真编写环境影响报告书。

6.7.1 编写环境影响报告书的基本要求

(1)环境影响报告书总体编排结构应符合(86)国环字第003号文件附件一的要求,即《建设项目环境影响报告书内容提要》的要求,内容全面,重点突出,实用性强。

(2)基础数据可靠。基础数据是评价的基础。基础数据有错误,特别是污染源排放量有错误,不管选用的计算模式多正确,计算得多么精确,其计算结果都是错误的。因此,基础数据必须可靠。对不同来源的同一参数数据出现不同时应进行核实。

(3)预测模式及参数选择合理。环境影响评价预测模式都有一定的适用条件。参数值也因污染物和环境条件的不同而不同。因此,预测模式和参数选择应"因地制宜",应选择模式的推导(总结)条件和评价环境条件相近(相同)的模式。选择总结参数时的环境条件和评价环境条件相近(相同)的参数。

(4)结论观点明确,客观可信。结论中必须对建设项目的可行性、选址的合理性作出明确问答,不能模棱两可。结论必须以报告书中客观的论证为依据,不能带感情色彩。

(5)语句通顺,条理清楚,文字简练,篇幅不宜过长。凡带有综合性、结论性的图表应放到报告书的附件中。对有参考价值的图表应放到报告书的附件中,以减少篇幅。

(6)环境影响报告书中应有评价资格证书,报告书的署名,报告书编制人员按行政总负责人、技术总负责人、技术审核人、项目总负责人依次署名盖章；报告编写人署名。

6.7.2 环境影响报告书的编制要点

建设项目的类型不同，对水环境的影响差别很大，环境影响报告书的编制内容也就不同。虽然如此，但其基本格式、基本内容相差不大。环境影响报告书的编写提纲，在［86］国环字第 003 号文件附件一中已有规定，现结合近年来各种环境影响报告书的格式，论述环境影响报告书的编制要点。

（1）总论。总论是对评价工作全面概括的介绍，主要包括：①评价项目的由来；②编制报告书的目的；③编制依据；④评价标准；⑤评价范围；⑥控制及保护目标。

（2）建设项目概况：①规模、生产工艺、用水量；②污水排放清单；③建设项目采取的有关环境保护措施；④工程影响水环境因素分析。

（3）水环境现状（背景）调查：①自然环境：包括地形、水文、气象、气候水生生态等；②社会环境：水环境附近人口分布密度、工矿企业分布、自然景观、文化遗迹等；③地面水环境质量现状调查；④地下水现状（背景）调查；⑤其他因素破坏水环境现状调查。

（4）污染源调查与评价：①建设项目污染源预估；②评价区内污染源调查与评价。

（5）水环境影响预测与评价：①河流水环境影响预测与评价；②湖泊、水库水环境影响预测与评价；③地下水环境影响预测与评价。

（6）防止污染的环境保护措施的可行性分析与建议：①废水治理措施的可行性分析与建议；②水环境监测制度的建议。

（7）建设项目的经济损益简要分析：建设项目对环境影响造成的经济损失与效益分析。

（8）结论及建议。简要明确地阐述评价工作的主要结论，扼要回答下列问题：

①评价区水环境质量现状。

②建设项目对水环境的影响。

③从效益统一的角度,提出建设项目的选址、规模、布局是否合理可行,是否符合水环境保护要求。

④指出所采取的环境保护(污染防治)措施的经济、技术上是否可行、合理及建议。提出的建议是对水环境保护及治理措施的建设性意见,其内容必须符合水环境保护法规的要求。

⑤是否需要作进一步的评价。

(9)附件、附图及参考文献。

①附件:主要包括建设项目建议书及批复文件、评价大纲及其批复文件。

②附图:包括普通图(水文、污染物浓度相对频率、相关分析等图)和水环境质量评价地图(污染现状图、污染指数图、环境规划图等)

③参考文献:应给出作者、文献名称、出版单位、出版日期等。

第7章　水环境保护

7.1　基本要求

（1）水资源保护包括地表水与地下水资源的保护以及对与水相关的生态环境的修复和保护对策措施内容。其中，江河、湖泊、水库的水质保护是工作重点。

（2）江河、湖泊、水库的水质保护以水功能区划为基础，根据不同水功能区的纳污能力，确定相应的陆域及入河污染物排放总量控制目标。根据污染物排放控制量或削减量目标，拟定防治对策措施。

（3）各流域和各省（自治区、直辖市）根据需要，对水利部颁布试行的《中国水功能区划》成果进行适当的补充和调整，修改和调整结果报原批准机关核准。地表水水质保护的工作范围应与水功能区划的范围一致，以一、二级水功能区为基本单元，统计和估算入河废污水量及污染物排放量，并按照水资源分区与水功能区之间的对应关系，将其成果归并到水资源三级区。

（4）现状和规划期水功能区纳污能力的确定，应与《全国水资源综合规划技术细则》水资源开发利用情况调查评价、水资源配置中有关河道内用水的成果相一致，并以此为依据，在制定入河污染物总量控制方案的基础上，提出排污总量控制方案，提出监督管理的措施，实施综合治理。

（5）全国统一采用COD和氨氮作为江河、湖泊、水库水质保护的污染物控制指标；考虑目前湖泊、水库主要是富营养化问题，对于湖泊、水库增加总磷和总氮指标；各流域和省（自治区、直辖市）可根据实际情况,增选本地区的主要污染物控制指标。地下水污染物控制指标视主要污染物而定。

(6)地表水水质保护规划目标:对于保护区、保留区和缓冲区,各规划水平年一般应维持其水质状况不低于现有水质类别,并控制不超过现状污染物排放量和入河量;对于开发利用区中各二级功能区和水质较差或存在用水矛盾的缓冲区,应在2030年以前达到水功能区所确定的水质类别,并将污染物排放量削减至规划所确定的入河控制量以下,2020年应根据当地技术经济条件,在现状和2030年目标间,确定水质目标和相应的削减量。

(7)在地下水超采、污染严重、海(咸)水入侵和地下水水源地等地区,应在现状开发利用调查评价的基础上,结合经济社会发展和生态环境建设的需要,研究地下水资源保护和防治水污染的措施。

(8)针对水资源开发利用情况调查评价中与水相关的生态环境问题的调查评价成果,以及需水预测、供水预测和水资源配置等部分对与水相关的生态环境问题的分析成果,制定相应的保护对策措施。

7.2　水功能区划

水功能区是指为满足水资源合理开发和有效保护的需求,根据水资源的自然条件、功能要求、开发利用现状,按照流域综合规划、水资源保护规划和经济社会发展要求,在相应水域按其主导功能划定并执行相应质量标准的特定区域。

中国水功能区划分采用两级区划,即一级区划和二级区划(见图7-1)。水功能一级区分四类,包括保护区、保留区、开发利用区、缓冲区;二级功能区划在一级区划中的开发利用区再分划为七类,包括饮用水源区、工业用水区、农业用水区、渔业用水区、景观娱乐用水区、过渡区、排污控制区。

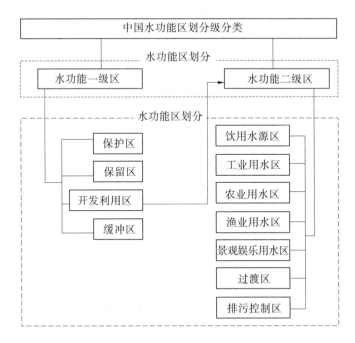

图 7-1 水功能区分级分类示意图

7.2.1 水功能区划条件与标准

7.2.1.1 一级水功能区划

1. 保护区

保护区指对水资源保护、生态环境及珍稀濒危物种的保护、饮用水保护、具有重要意义的水域。

功能区划分指标:集水面积、保护级别、调(供)水量等。

划区条件:

(1)源头水保护区,是指以保护水资源为目的,在重要河流的源头河段划出专门涵养保护水源的区域。

(2)国家级和省级自然保护区范围内的水域。

水质标准:以上两种情况的功能区水质标准为《地表水环境质

量标准》(GB 3838—2002)Ⅰ、Ⅱ类水质标准(因自然、地质不满足Ⅰ、Ⅱ类水质标准的,应维持水质现状并逐步达到上述标准)。

(3)已建和规划水平年内建成的跨流域、跨省(区)的大型调水工程水源地及其调水线路;省内重要的饮用水源地。功能区水质标准:《地表水环境质量标准》(GB 3838—2002)Ⅰ、Ⅱ类水质标准或用水区用水功能相应的水质标准。

(4)对典型生态、自然生境保护具有重要意义的水域。按该类保护区议定的水量、水质指标。

2. 保留区

保留区指目前开发利用程度不高,为今后开发利用和保护水资源而预留的水域。该区内水资源应维持现状不遭破坏。

功能区划分指标:水资源开发利用程度、产值、人口、水量、水质等。

划区条件:

(1)受人类活动影响较少,水资源开发利用程度较低的水域。

(2)目前不具备开发条件的水域。

(3)考虑到可持续发展的需要,为今后的发展预留的水域。

水质标准:按现状水质类别控制。

3. 缓冲区

缓冲区指为协调省际间、矛盾突出的地区间用水关系;协调内河功能区划与海洋功能区划关系;以及在保护区与开发利用区相接时,为满足保护区水质要求需划定的水域。

功能区划分指标:跨界区域及相邻功能区间水质差异程度。

划区条件:

(1)跨省、自治区、直辖市行政区域河流、湖泊的边界水域。

(2)省际边界河流、湖泊的边界附近水域。

(3)用水矛盾突出地区之间水域。

水质标准:按实际需要执行相关水质标准或按现状控制。

4.开发利用区

开发利用区主要指具有满足工农业生产、城镇生活、渔业、游乐和净化水体污染等多种需水要求的水域与水污染控制、治理的重点水域。

功能区划分指标:水资源开发利用程度、产值、人口、水质及排污状况等。

划区条件:取(排)水口较集中,取(排)水量较大的水域(如流域内重要城市江段、具有一定灌溉用水量和渔业用水要求的水域等)。

水质标准:按二级区划要求分别确定。

7.2.1.2 二级水功能区划

在一级水功能区划的开发利用区内,进行水功能二级区分类及划分。

1.饮用水源区

饮用水源区指城镇生活用水需要的水域。

功能区划分指标:人口、取水总量、取水口分布等。

划区条件:已有的城市生活用水取水口分布较集中的水域,或在规划水平年内城市发展设置的供水水源区。每个用水户取水量需符合水行政主管部门实施取水许可制度的细则规定。

水质标准:《地表水环境质量标准》(GB 3838—2002)Ⅱ、Ⅲ类水质标准。

2.工业用水区

工业用水区指城镇工业用水需要的水域。

功能区划分指标:工业产值、取水总量、取水口分布等。

划区条件:现有的或规划水平年内需设置的工矿企业生产用水取水点集中的水域。每个用水户取水量需符合水行政主管部门实施取水许可制度的细则规定。

水质标准:《地表水环境质量标准》(GB 3838—2002)Ⅳ类标准。

3.农业用水区

农业用水区指农业灌溉用水需要的水域。

功能区划分指标:灌区面积、取水总量、取水口分布等。

划区条件:已有的或规划水平年内需要设置的农业灌溉用水取水点集中的水域。每个用水户取水量需符合水行政主管部门实施取水许可制度的细则规定。

水质标准:《地表水环境质量标准》(GB 3838—2002) V 类标准。

4. 渔业用水区

渔业用水区指具有鱼、虾、蟹、贝类产卵场、索饵场、越冬场及洄游通道功能的水域,养殖鱼、虾、蟹、贝、藻类等水生动植物的水域。

功能区划分指标:渔业生产条件及生产状况。

划区条件:具有一定规模的主要经济鱼类的产卵场、索饵场、洄游通道,历史悠久或新辟人工放养和保护的渔业水域;水文条件良好,水交换畅通;有合适的地形、底质。

水质标准:《地表水环境质量标准》(GB 3838—2002) Ⅱ ~ Ⅲ 类标准,并可参照《渔业水质标准》(GB 11607—89)。

5. 景观娱乐用水区

景观娱乐用水区指以景观、疗养、度假和娱乐需要为目的的水域。

功能区划分指标:景观娱乐类型及规模。

划区条件:

(1)休闲、度假、娱乐、运动场所涉及的水域。

(2)水上运动场。

(3)风景名胜区所涉及的水域。

水质标准:《景观娱乐用水水质标准》(GB 12941—91)并可参照《地表水环境质量标准》(GB 3838—2002) Ⅲ ~ Ⅳ 类标准。

6. 过渡区

过渡区指为使水质要求有差异的相邻功能区顺利衔接而划定的区域。

功能区划分指标:水质与水量。

划区条件:

（1）下游用水要求高于上游水质状况。

（2）有双向水流的水域，且水质要求不同的相邻功能区之间。

水质执行标准：按出流断面水质达到相邻功能区的水质要求选择相应的水质控制标准。

7. 排污控制区

排污控制区指接纳生活、生产污废水比较集中，所接纳的污废水对水环境无重大不利影响的区域。排污控制区是结合我国水污染的实际情况，按治理水污染的经济技术实力，合理利用江河自净能力而划定的水域，在区划时应以严格控制。

功能区划分指标：排污量、排污口分布。

划区条件：接纳废水中污染物可稀释降解，水域的稀释自净能力较强，其水文、生态特性适宜于作为排污区。

水质标准：按出流断面水质达到相邻功能区的水质要求选择相应的水质控制标准。

7.2.2　水功能区划分方法

一级功能区划分的程序是：首先划定保护区，然后划定缓冲区和开发利用区，最后划定保留。具体方法如下：

（1）保护区的划分：对于现有的国家级、省级、地（市）级和县级四级自然保护区，区划中将国家级和省级自然保护区水域全部划为保护区；而对于地（市）级、县级自然保护区，则根据区内水域范围的大小，及其对水质有无严格的要求等方面决定是否将其划为保护区。

对于已经建设或在规划水平年内将会实施的大型调水工程水源地，划为保护区；对于在规划水平年内不会实施的，则将其划为保留区。

重要河流的源头一般都划为源头水保护区，但是少数河流源头附近有城镇的，则划为保留区。

（2）缓冲区的划分：省际水域或用水矛盾突出的地区水域可划为缓冲区。省界断面或省际河流，无论是上下游、还是左右岸关系一般都划为缓冲区。

用水矛盾突出的地区是指河流沿线上下游地区间或部门间矛盾比较突出,或者有争议的水域,应划为缓冲区。缓冲区的长度视矛盾的突出程度而定。目前,矛盾不突出或人烟稀少的地区,可以适当划短。矛盾突出的缓冲区长度可通过污染控制目标进一步确定。

(3)开发利用区的划分:将水资源开发利用程度高,对水域有各种用水和排污要求的城市江(河)段划为开发利用区。开发利用程度可采用城市人口数量、取水量、排污量、水质状况及城市经济的发展状况(如工业产值)等能间接反映水资源开发利用程度的指标,通过各种指标排序的方法,选择各项指标较大的城市江段,划为开发利用区。可采用"三项指标法"来划分开发利用区。"三项指标法"是指以工业总产值、非农业人口和城镇生产生活用水量等三项指标的排序来衡量开发利用程度,划分开发利用区的方法。对于指标排序结果虽然靠后,但现状排污量大,水质污染严重、现状水质劣于Ⅳ类的,或在规划水平年内有大规模开发计划的城镇河段也可划为开发利用区。

(4)保留区的划分:划定保护区、缓冲区和开发利用区后,其余的水域均划为保留区。保留区包括两方面的含义,一是指为将来可持续发展预留的后备资源水域,二是指目前开发利用程度比较低或开发利用活动还没有形成规模的水域。随着经济发展,需要开发利用或其他用途,通过一定手续也可以再进行划分。

二级功能区划分的程序是:首先,确定区划具体范围,包括城市现状水域范围以及城市在规划水平年2030年前涉及的水域范围。同时,收集划分功能区的资料,包括水质资料;取水口和排污口资料;特殊用水要求,如鱼类产卵场、越冬场,水上运动场等;以及规划资料(包括陆域和水域的规划,如城区的发展规划、河岸上码头规划等)。然后,对各功能区的位置和长度进行适当的协调和平衡,尽量避免出现低功能到高功能跃变等情况。最后,考虑与规划衔接,进行合理性检查,对不合理的水功能区进行调整。具体方法如下:

（1）饮用水源区的划分，主要根据已建生活取水口的布局状况，结合规划水平年内生活用水发展要求，将取水口相对集中的水域划为饮用水源区。划区时，尽可能选择在开发利用区上游或受开发利用影响较小的水域。

（2）工业用水区的划分，根据工业取水口的分布现状，结合规划水平年内工业用水发展要求，将工业取水口较为集中的水域划为工业用水区。

（3）农业用水区的划分，根据农业取水口的分布现状，结合规划水平年内农业用水发展要求，将农业取水口较为集中的水域划为农业用水区。

（4）渔业用水区的划分，主要根据鱼类重要产卵场、栖息地和重要的水产养殖场进行。

（5）景观娱乐用水区的划分，主要根据当地是否有重要的风景名胜、度假、娱乐和运动场所涉及的水域进行。

（6）过渡区的划分，通常根据两个相邻功能区的用水要求来确定过渡区的设置。当低功能区对高功能区水质影响较大时，过渡区的范围应适当大一些。具体范围确定，现阶段可根据实际情况和经验来确定，规划时根据下游相邻功能区水域纳污能力计算确定其范围。

（7）排污控制区的划分，在排污口较为集中，且位于开发利用区下游或对其他用水影响不大的水域，排污控制区的设置应从严掌握，其分区范围也不宜划得过大。

7.2.3　水功能区水质目标拟定

（1）对水利部颁布试行的《中国水功能区划（试行）》以及各流域、省（自治区、直辖市）补充拟定的本地区水功能区，根据水功能区水质现状、排污状况、不同水功能区的特点、水资源配置对水功能区的要求以及当地技术经济等条件，拟定各一、二级水功能区现状条件与规划条件（2030 年）下的水质目标。

（2）拟定水质目标依据的水质标准是《地表水环境质量标准》（GB 3838—2002），并参照《渔业水质标准》（GB 11607—89）、《景观娱乐用水水质标准》（GB 12941—91）等。

（3）拟定水功能区水质目标应综合考虑：①水功能区水质类别；②水功能区水质现状；③相邻水功能区的水质要求；④水功能区排污现状与相应的规划；⑤用水部门对水功能区水质的要求，包括现状和规划；⑥社会经济状况及特殊要求，⑦水资源配置对水域的总体安排。

（4）拟定水质目标的具体方法是，将水功能区水质现状与功能区主导功能水质类别指标进行比较后，按下述情况分别处理：

①当现状水质未满足水功能区水质类别时，在综合考虑上述因素后，应拟定水质保护目标，水质目标可分阶段达标。

②当现状水质已满足水功能区水质类别时，应按照水体污染负荷控制不增加的原则，拟定水质保护目标。

（5）在拟定水功能区水质目标时应注意以下几点：

①水功能区水质类别指标中所有水质超标项目，均应拟定水质目标，计算削减量。

②不超标时，则按 COD、氨氮两项指标拟定水质目标。

③对于没有规定水质类别的功能区，如排污控制区，要根据功能区水质现状和下游功能区水质要求拟定水质目标。

④无水质现状资料的功能区，有条件的应进行补测，也可用相邻水域水质数据推算，源头水可根据天然水的化学背景值推求。

⑤在拟定水质目标时，要考虑同一水功能区现状与规划目标之间的协调，也要考虑同一水平年相邻功能区水质目标的协调。

⑥水质目标的拟定应与供水预测中对供水水质的要求协调一致。

7.2.4　水功能区纳污能力设计条件

（1）水功能区纳污能力计算的设计条件以计算断面的设计流量

（水量）表示。现状条件下，一般采用最近10年最枯月平均流量（水量）或90%保证率最枯月平均流量（水量）作为设计流量（水量）。集中式饮用水水源区，采用95%保证率最枯月平均流量（水量）作为其设计流量（水量）。对于北方地区（松花江、辽河、海河、黄河、淮河和西北内陆地区），可根据实际情况适当调整设计保证率，也可选取平偏枯典型年的枯水期流量作为设计流量。另外，还要计算90%保证率最丰月平均流量（水量）作为丰水期设计流量。

由于设计流量（水量）受江河水文情势和水资源配置的影响，规划条件下的设计流量（水量）可根据水资源配置推荐方案的成果确定。为简化计算，本次规划规定，除确定现状条件下的设计流量（水量）外，规划条件下的设计流量（水量）仅确定一个规划水平年（2030年）的设计流量（水量）。

（2）设计流量的计算。

当有水文长系列资料时，现状设计流量的确定选用设计保证率的最枯月平均流量，北方地区增加最丰月平均流量，采用频率计算法计算。当无水文长系列资料时，可采用近10年系列资料中出现的最小的最枯月平均流量作为设计流量。对于丰水期设计流量，可采用近10年最小的最丰月平均流量。当无水文资料时，可采用内插法、水量平衡法、类比法等方法推求设计流量。规划条件下的设计流量应在现状确定的现状设计流量的基础上，根据水资源配置部分的成果以及对流域与区域水资源开发利用的总体安排合理确定。

（3）断面设计流速的确定。

当有资料时，可直接用公式计算：

$$v = Q/A \tag{7-1}$$

式中：v 为设计流速；Q 为设计流量；A 为过水断面面积。

当无资料时，可采用经验公式计算断面流速，也可通过实测确定。对实测流速要注意转换为设计条件下的流速。

（4）岸边设计流量及流速。

河面较宽的主要江河，污染物从岸边排放后不可能达到全断面混合,如果以全断面流量计算河段纳污能力,则与实际情况不相符合。因此,对于这些江河,应计算岸边纳污能力。在这种情况下,根据岸边污染区域(带)需计算岸边设计流量及岸边平均流速。

计算时,要根据河段实际情况和岸边污染带宽度,确定岸边水面宽度,以便求得岸边设计流量及其流速。

(5)湖泊、水库的设计水量一般采用近10年最低月平均水位或90%保证率最枯月平均水位相应的蓄水量。北方地区增加近10年最高月平均水位的最低水位或90%保证率最高月平均水位相应的蓄水量。

根据湖泊、水库水位资料,求出设计枯水位,它所对应的湖泊、水库蓄水量即为湖泊、水库设计水量。对水库而言,也可用死库容和水库正常水位的库容蓄水量作为设计水量。

7.2.5　纳污能力计算

水功能区纳污能力是指满足水功能区水质目标要求的污染物最大允许负荷量。要求分别提出现状条件下及规划条件下的纳污能力。

保护区和保留区的水质目标原则上是维持现状水质不变。在设计流量(水量)不变的情况下,保护区和保留区的纳污能力与其现状污染负荷相同,可直接采用现状入河污染物量代替其纳污能力。对于需要改善水质的保护区,则要求计算水功能区的纳污能力,提出入河污染物量的削减量及污染源排放量的削减量。

对于水质较好、用水矛盾不突出的缓冲区,可采用保护区和保留区确定纳污能力的计算方法确定其纳污能力。对于水质较差或存在用水水质矛盾的缓冲区,也要求计算水功能区的纳污能力,提出入河污染物的削减量和污染源排放量的削减量。

开发利用区纳污能力需根据各二级水功能区的设计条件和水质目标,选择符合实际的数学模型进行计算。

水功能区纳污能力计算以一维模型为主,对经济社会发展有重要作用的水功能区或有条件的地区,可采用二维模型。采用的模型要进行检验,模型参数可采用经验法和试验法确定,成果需进行合理性分析。纳污能力计算可参照附录提供的方法。

为简化计算,在水质模型中,将污染物在水环境中的物理降解、化学降解和生物降解概化为综合衰减系数。所确定的污染物综合衰减系数应进行检验。综合衰减系数的确定方法参见附录。

7.2.6 入河污染物量估算

由于地表水水质保护是以所划定的水功能区作为基本单元的,而保护的最终目的是要将水功能区的污染物削减量分解到相应的陆域污染源,因此在进行了水域的功能区划分之后,应确定水功能区所对应的陆域范围,以便掌握进入该水功能区的陆上主要污染源和主要污染物的现状及其发展趋势。

水功能区对应陆域的确定方法:通过污染源调查,调查和收集有关入河排污口的设置、市政排水管网布置、企业和单位自行设置排污口的现状及规划等资料,尽可能搞清相应的陆域范围,特别是其中对水功能区水质影响大的污水排放源,同时进行必要的实地勘查分析,提出水功能区对应的陆域范围,并以此作为陆域污染物排放总量控制的基础。对国家行政设立的建制市的污染物排放量应单列统计。

现状污染物排放量和入河量的数据可采用水资源开发利用情况调查评价中关于废污水排放量调查分析的成果,并分解到各水功能区。

规划水平年污染物排放量的预测应与需水预测相结合,原则上,生活污水按当地规划水平年内的人口增长状况进行预测;工业污染负荷预测是指排污口的污染物排放总量,预测时应考虑排污总量控制目标。

(1)水功能区对应的陆域范围内的污染源所排放的污染物,仅有一部分能最终流入江河水域,进入河流的污染物量占污染物排放总量的比例即为污染物入河系数,按下式计算:

$$入河系数 = \frac{污染物入河量}{污染物排放量} \qquad (7\text{-}2)$$

污染源排放的污染物进入水功能区水域的数量有众多影响因素,情况十分复杂,区域差异很大,建议采用典型调查法推求污染源的入河系数。

选取设置有独立入河通道或入河排污口的污染源,分别在污染源排放口和入河排污口监测污染物排放量与入河量,可求得污染物的入河系数。

选取各类典型的水功能区,监测其所对应的陆域范围内所有污染源的污染物排放量和水功能区内所有排污口的污染物入河量,可求得典型水功能区所对应的陆域范围的入河系数。

在拟订规划水平年的入河系数时,应考虑城市化和城市规划发展(如产业布局调整、管网改造、排污口优化、截污工程等)可能导致的入河系数的变化。

(2)根据各规划水平年预测的污染物排放量和相应的入河系数,即可求得规划水平年污染物入河量。也可采用入河排污口实测污染负荷预测各规划水平年污染物入河量。

有条件的地区,可对入河污染物中的面源污染贡献进行估算。

7.2.7 控制量与削减量

(1)以水功能区为单元,将规划水平年的污染物入河量与纳污能力相比较,如果污染物入河量超过水功能区的纳污能力,需要计算入河削减量和相应的排放削减量;反之,制定入河控制量和排放控制量。排放削减量和排放控制量均需要进一步分配到相应的陆域。

(2)水功能区规划水平年的污染物入河量与相应的纳污能力之差,即为该水功能区规划水平年的污染物入河削减量。

当水功能区规划水平年的污染物入河量预测结果小于纳污能力时,为有效控制污染物入河量,应制定水功能区污染物入河控制量。制定入河控制量时,应考虑水功能区的水质状况、水资源可利用量、经济与社会发展现状及未来人口增长和经济社会发展对水资源的需求等。

一般情况下，对经济欠发达、水资源丰富、现状水质良好的地区，污染物入河控制量可适当放宽，但不得超过水功能区的纳污能力。

（3）水功能区规划水平年的污染物入河削减量除以入河系数，即可得到水功能区的排放削减量。水功能区排放削减量等于水功能区所对应的陆域范围内在规划水平年的污染物排放削减量之和。按照核定的该水域纳污能力，向环境保护行政主管部门提出该水域的限制排污总量的意见。

水功能区规划水平年的污染物入河控制量除以入河系数，即可得到功能区的排放控制量。

（4）有条件将污染物排放削减量分配到污染源时，主要应考虑各污染源现状排污量及其对水功能区水体污染物的"贡献"率，综合考虑各污染源目前的治理现状、治理能力、治理水平以及应采取的治理措施等因素。

将污染物排放控制量分配到各主要污染源，应根据各污染源的现状排污量，企业的生产规模、经济效益及其所生产的产品对经济建设和人民生活的重要性等因素进行综合考虑。按国家规定应予关停的企业可不再分配其排放控制量。根据产业布局应予限产或限制发展的企业，在分配排放控制量时也应予以相应的限制。

7.3　水环境保护措施

7.3.1　水体污染的控制和治理

长期以来，科学家和工程技术人员采取了各种各样的技术措施来控制和治理环境污染，但是，我国环境形势的现状是"局部有所改善，整体仍在恶化，前景令人担忧"。

虽然一些废水处理方法可以使废水得到净化，但是所有这些方法都需要经济投入,有的方法甚至十分昂贵,还要消耗大量的能源。因此,人们不禁要问:究竟应该怎样做,才能经济有效地防治水污染呢? 总结国内外的经验,可以认为要经济有效地控制水污染,必须做到以下几点:

(1)继续加强环境保护意识宣传。

环境保护意识应当从幼儿园做起,从幼儿园至大学都应设置环保课程,大力宣传环境保护知识。对于广大居民也应强化宣传工作,使每一个居民都感到保护环境,人人有责。对各级领导要使他们懂得经济建设和环境建设是相辅相成的,要熟知这方面的知识。

(2)实行综合防治。

水环境是一个大系统,水体污染防治必须着眼于大系统,按区域或流域进行综合防治,以节约资金,取得最好的效果。

(3)对工业的水污染从末端处理转变为源头控制。

对于工业废水的防治,应首先考虑清洁生产问题。所谓清洁生产,就是指资源利用率最高、污染物排放量最小的生产方式。

在设有城市生活污水厂的地区,应考虑把工业废水经合理预处理后排入城市污水厂集中处理。这样可以节省基建投资,节约能源及运行费用,并能取得较好的处理效果。

(4)积极开展水处理技术的科学研究。

(5)强化环境保护管理的政策。

有了完善的环境保护法律、法规、制度、标准、技术,如果执法力度不够,仍旧难以改善环境污染面貌。因此,必须建立健全有效的环境保护管理机构,坚决扭转以牺牲环境为代价、片面追求局部利益和暂时利益的倾向。

7.3.1.1　减少污染负荷、加强废水治理

1.减少污染负荷

(1)改革生产工艺。

(2)重复利用废水,污水再用。

(3)回收有用成分。

2. 废水治理的基本方法

由于近年来环境污染问题日趋严重,很多地面水体和不少地下水都不同程度地受到了污染,因此给水处理与废水处理之间的界限已变得模糊起来,更何况它们的一些处理和处理构筑物有着许多相似之处,所以又往往将给水处理和废水处理合称为水处理工程。

废水处理的方法很多,归纳起来可分为物理法、化学法和生物法等。各种处理方法都有其各自的特点和适用条件,在实际废水处理中,它们往往是要配合使用的,不能预期只用一种方法就能把所有的污染物质都去除干净。这种由若干种处理方法合理组配而成的废水处理系统,通常就称为废水处理流程。

(1)物理法。主要是利用物理作用来分离废水中呈悬浮状态的污染物质,在处理过程中不改变其化学性质。属于物理的处理方法如下:

①沉淀法。水中悬浮颗粒依靠重力作用,从水中分离出来的过程称为沉淀。颗粒相对密度大于1时表现为下沉,小于1时表现为上浮。沉淀过程简单易行,分离效果又比较好,是水处理的重要过程之一,应用非常广泛,几乎是水处理系统中不可缺少的一种单元过程。例如,在水处理系统混凝之后,必须设立沉淀池,然后才能进入滤池,若进水属高浑浊度水,还得设立预沉地;在污水生物处理系统中,要设初次沉淀池,以保证生物处理设备净化功能的正常发挥;在生物处理之后,设二次沉淀池,用以分离生物污泥,使处理水得以澄清。

②过滤法。是用过滤介质截留废水中的悬浮物。过滤介质有钢条、筛网、砂、布、塑料、微孔管等。过滤设备有栅、筛、微滤机、砂滤池、真空过滤机、压滤机(后两种多用于污泥脱水)等。处理效果与过滤介质空隙度有关。

③反渗透法。这是20世纪50年代发展起来的一种膜分离技术。渗透是一种自然现象,较淡的溶液中的水分子会自动透过半透膜而进入较浓的溶液中去,形成单向扩散,使膜两边盐的浓度逐渐达

到均匀。反渗透就是在较浓的盐溶液这边,加上比自然渗透压更大的压力,使渗透的方向逆流,把较浓的盐溶液中的水分子,压到膜的另一边去,而盐分子则被截留下来,从而达到除盐的目的。

④蒸发、结晶与冷冻。蒸发过程在多种废水处理中得到应用,主要是在废水中有用成分回收过程中,采用蒸发法作为浓缩富集的环节。如造纸工业,由纸浆黑液中回收碱的过程中,就先采用多效蒸发浓缩,使黑液浓度达到能在炉内全部自燃的条件。在放射性废水处理中,蒸发是将废水浓缩,使放射物质高度富集于浓液中,以有利于进一步安全处置。

结晶过程是指含某种盐类废水经蒸发浓缩,达到过饱和状态,使盐在溶液中先形成晶核,继而逐步生成晶状固体的过程。这一过程是以回收盐的纯净产品为目的的。

冷冻过程是使废水在低于冰点温度下结冰的过程,在此过程中,部分水凝结成冰,从废水中分离出来。当废水中含冰率达到35% ~ 50%时,即停止冷冻,然后用滤网进行固液分离,分离出的冰再经过洗冰与融冰几个过程,即可回收净化水,而污染物仍留在水中得到浓缩,便于进一步处理或回收有用物质。

⑤离心分离。含悬浮颗粒(或乳化油)的水在高速旋转时,由于颗粒和水分子的质量不同,因此受到的离心力大小也不同,质量比较大的颗粒被甩到外围,质量小的油粒则留在内层。如果适当安排颗粒(油粒)和水的不同出口,就可使颗粒物质与水分离,水质得以净化。用这种离心力分离水中悬浮颗粒的方法称为离心分离法。

(2)生物法。利用微生物的代谢作用处理废水的方法叫生物法。利用物理的方法处理废水,可除去废水中的悬浮物,但对有机物质和胶体却难以除净。用化学方法处理废水,需要投入大量化学试剂,而且处理后的水还有可能达不到排放标准。借助于微生物来氧化分解废水中的有机物和无机物质,具有收效好、经济的优点,特别是去除废水中的胶体和有机物效果更好。

生物法可分为好氧和厌氧两大类。好氧生物处理的进行需要有氧的供应,而厌氧生物处理则需保证无氧条件。好氧生物处理又可分为生物膜法(其中包括生物滤池和生物转盘两种)、活性污泥法(包括鼓风曝气、机械曝气、射流曝气、表面曝气、深层曝气等)和生物氧化塘法。下面简要介绍几种好氧处理废水的方法。

①污水灌溉法(土地处理系统)。污水在灌溉过程中,受到土壤的过滤,通过吸收及生物氧化作用污水得到处理,同时污水中的氮磷钾被植物吸收。污水在土壤中停留 3~8 d,经过灌溉法处理后水的 BOD 去除率可达 80%~90%。

生活废水用于灌溉是可行的,但对于工业废水则应慎重,水质必须符合灌溉标准,否则会危害庄稼,使废水中的有毒物质通过食物链毒害人体健康。

②活性污泥法。将空气连续鼓入曝气池的废水中,经过一段时间后,水中就会形成大量好气性微生物的絮凝体,此絮凝体就是"活性污泥"。活性污泥主要是由水中所繁殖的大量微生物凝聚而成,活性污泥中含有一些无机物和分解中的有机物。微生物和有机物构成活性污泥的挥发性部分,它占全部活性污泥的 70% 以上。活性污泥的含水率一般为 98%~99%,它有很强的吸附和氧化分解有机物的能力。

③生物膜法。生物膜是生长在固定介质(碎石、炉渣、圆盘式塑料蜂窝等)表面,由好氧微生物及其吸附、截留的有机物和无机物所组成的熟膜。生物膜法处理废水就是使废水流过生物膜,借助于生物膜中微生物的作用,并在有氧条件下,氧化废水中的有机物质。常用处理设备有生物滤池、生物转盘等。生物膜法能把废水中的 BOD 去除 80%~95%。

④生物塘法(即生物氧化塘法或稳定塘法)。是指废水在池塘中长时间(2~10 d)停留,被水中微生物逐渐分解而得到处理的一种方法。池塘中的藻类及地面大气供氧维持微生物所需的氧。生物塘对废水中的 BOD 的去除率为 75%~90%,如废水无毒,经生物塘后排放的水可养鱼。

好氧生物处理是在有氧条件下,由好氧微生物降解废水中有机污染物质的处理方法。污泥及某些工业废水(如屠宰场、发酵工业生产污水)中有机物含量大大高于城市污水,是不宜直接采用好氧法处理的,一般须进行厌氧处理,即在无氧条件下,借嫌性菌和厌氧菌降解有机污染物,分解的主要产物是以甲烷为主的沼气。我国农村推广的沼气池,也是利用厌氧处理的原理,以粪便、草禾茎秆等制取沼气,并提高肥效的一种方法。

(3)化学法。是指利用化学反应原理及方法来分离回收废水中的污染物,或改变污染物的性质,使其从有害变为无害。属于化学处理的方法有混凝法、中和法、化学沉淀法和氧化还原法等。

3. 废水处理系统

按照不同的处理程度,废水处理系统可分为一级处理、二级处理、三级处理。

一级处理只去除废水中较大的悬浮物质。物理法中的大部分方法适用于一级处理。一级处理有时也称为机械处理。废水经一级处理后,一般仍达不到排放要求,尚需进行二级处理。从这个角度上说,一级处理只是预处理。

二级处理的主要任务是去除废水中呈溶解和胶体状态的有机物质。生物法是最常用的二级处理方法,比较经济有效。因此,二级处理也称生物处理或生物化学处理。通过二级处理,一般废水均能达到排放要求。

三级处理也称为高级处理或深度处理。当出水水质要求很高时,为了进一步去除废水中的营养物质(氮和磷)、生物难降解的有机物质和溶解盐类等,以便达到某些水体要求的水质标准或直接回用于工业,就需要在二级处理之后再进行三级处理。

对于某一种废水来说,究竟采用哪些处理方法,采用怎样的处理流程,需根据废水的水质和水量、回收价值、排放标准、处理方法的特点以及经济条件等,通过调查、分析和作出技术经济比较后才能确定。必要时,还要进行试验研究。

4. 城市水体污染的治理技术

城市污水处理的一般流程如图 7-2 所示。

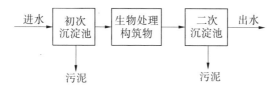

图 7-2 城市污水处理的一般流程

工业废水的水质千差万别,处理要求也极不一致,因此处理流程也各不相同。

工业废水一般的处理程序是:澄清→回收→毒物处理→一般处理→再用或排放。

5. 农业水体污染的控制和治理

长期以来,人们对于水污染的防治主要是针对集中排放的点污染源,如工业废水、城市废水。近年来人们开始注意到,除这些通过管道系统排放的废水污水外,还有很多分散的、无组织排放的废水及污水,如农村大面积耕地的地表径流,往往夹带着大量的化肥农药;又如农村人畜排放的粪尿,大多没有管道收集,而是任意排泄,随雨水径流进入天然水体。

在某些地区,面污染源对水污染的贡献率往往不比点污染源小,甚至更大或大得多。如果不对它们加以控制,水污染就得不到有效的防治。面污染源的控制要比点污染源的控制更为困难,主要手段是与生态农村的建设结合起来,尽可能地做到科学施加化肥、农药,回收、利用农村废物和人畜粪尿,并在合适的地点建设天然的废水拦集和处理系统。

农业生产过程中释放的环境有害物质主要是农药和化肥。因农药、化肥及污灌等构成的地区污染,多为"三氮"、有机物和重金属等的复杂成分的污染,如华北平原、苏锡常地区、松辽平原等地区的污染。污灌不仅使地下水遭到污染,连同土壤、作物也不可幸免。据估计,我国目前残含留于土壤中的 DDT 8 万 t、"六六六"约为 5.9 万 t,残留在土壤中的有毒物质将长期起作用。

化肥的施用所造成的污染主要是对土壤和水体的污染。我国主要使用氮肥,且使用不当,其利用率仅有 30% 左右。因此,每年有 70%、约 1 800 万 t 的氮肥进入环境。硝酸盐污染已成为癌症发生的主要环境因素。

土壤的净化能力虽然能阻止或抑制部分污染物质进入地下水,但部分随农作物的收获而被转移进入食物链。土壤中的重金属使土壤中的微生物总量成倍降低,可使正常数量的微生物种群生态平衡遭到破坏,会扰乱生物的固氮和营养的循环,使植物的生存受到威胁。

由此可见,对农业水污染的控制应采取的主要对策如下:

(1)发展节水型农业:①大力推行喷灌、滴灌等各种节水灌溉技术;②制定合理的灌溉用水定额,实行科学灌水;②减少输水损失,提高灌溉渠系利用系数,提高灌溉水利用率。

(2)合理利用化肥、农药:改善灌溉方式和施肥方式,减少肥料流失;加强土壤和化肥的化验与监测,科学定量施肥,特别是在地下水水源保护区,应严格控制氮肥的施用量;采用高效、复合、缓效的化肥品种;增加有机复合肥的施用;大力推广生物肥料的使用;加强造林、植树、种草,增加地表覆盖,避免水土流失及肥料流入水体或渗入地下水;加强农田工程建设(如修建拦水沟埂以及各种农田节水保田工程等),防止土壤及肥料流失。

农药污染防治对策有:开发、推广和应用生物防治病虫害技术,减少有机农药的使用量;研究采用多效抗虫害农药,发展低毒、高效、低残留量新农药;完善农药的运输与使用方法,改进施药技术,合理施用农药;加强农药的安全施用与管理,完善相应的管理办法与条例。

(3)加强对畜禽排泄物、乡镇企业废水及村镇生活污水的有效处理,合理利用废弃物。

对畜禽养殖业的污染防治应采取以下措施:合理布局,控制发展规模;加强畜禽粪尿的综合利用,改进粪尿清除方式,制定畜禽养殖场的排放标准、技术规范及环保条例;建立示范工程,积累经验并逐步推广。

对乡镇企业废水及村镇生活污水的防治应采取以下措施:对乡镇企业的建设统筹规划,合理布局,大力推行清洁生产,实施废物最少量化;限期治理某些污染严重的乡镇企业(如造纸、电镀、印染等企业),对不能达到治理目标的工厂,要坚决关、停、并、转;切合实际地对乡镇企业实施各项环境管理制度和政策;在乡镇企业集中的地区以及居民住宅集中的地区,逐步完善下水道系统,并兴建一些简易的污水处理设施,如地下海滤场、稳定塘、人工湿地以及各种类型的土地处理系统。

7.3.1.2　合理利用水体自净能力

(1)合理布置排污点。

(2)合理调节河川径流。

(3)污水灌溉自净作用。

7.3.1.3　进行水污染的区域性综合防治

综合防治就是用系统分析的方法,研究水体自净,污水处理规模、污水处理效率与水质目标,治理费用间的关系,应用水质模拟、预测和评价技术寻求综合的最优治理方案。

7.3.2　地表水水质保护措施

(1)工业污染控制措施:主要包括调整工业布局和产业结构,推行清洁生产、达标排放,加大工业废水处理以及关停污染严重企业等措施。各地方应根据各水功能区排污总量控制的要求和工业污染源承担的污染物削减责任,采取综合治理措施,防治水污染。

(2)加强城市污水处理设施建设:提出城市污水处理设施建设的措施、规模与布局,包括城市集中污水处理厂、居民小区污水处理设施、排污管网改造等;清污分流、导污以及入河排污口整治和严格控制设置排污口等。

（3）提高水环境容量和水体自净能力的工程措施：主要包括水工程调度、引水减污、疏浚清淤等工程措施，主要适用于已污染水体的治理。具体措施安排可不要求与水功能区对应。

水工程调度主要适用于有闸坝控制的水体，应提出调度方案。引水减污应提出具体的工程规模、调水量，并分析其提高水环境容量的作用以及减污效果。清淤措施应提出清淤量及实施方案。

（4）加强地表水水质监测：包括加强保障规划实施的水功能区水质监测，加强污染事故应急处理系统及信息能力建设等。

水质监测为水质规划及水功能区管理服务，其主要目的是检验地表水水质保护工作的进展情况。应根据保护措施实施需要设置水质监测站点，提出站网建设规划。

水功能区内水质监测断面（监测点）根据水功能区划具体情况设置，如河流长度、宽度，湖库水域面积、水文情势，入河排污口的分布及水质状况，设置 1 个或若干个水质监测断面（监测点），应能反映水功能区内水质状况。

水质站点的监测项目根据水体现状、功能区使用功能、相应的水质标准以及水体的基本特征而定。

确定监测频率时主要考虑以下原则：水质较好且较稳定的区域监测频率较低，反之，监测频率较高；受人为活动影响较大的区域监测频率较高，反之，监测频率较低；功能要求较高的区域监测频率较高，反之，监测频率较低；用水矛盾较大，易发生纠纷的区域监测频率较高，反之，监测频率较低。

除地表水水质监测外，还应定期安排水功能区对应的排污口污染物质调查和监测。

应加强污染事故应急处理系统及信息能力建设，有针对性地开展一些操作性强的应用性研究，并建立一些地表水水质保护示范工程。

（5）地表水水质保护投资估算：水质保护投资应明确各类工程

的总体规模及其投资,并划分事权,明确责任,明确其发展机制。

工业废水处理厂可根据处理规模参考城市污水处理厂估算投资。对于城市污水处理设施投资估算,污水处理厂统一按照建设部于1996年编制的《全国市政工程投资估算指标》中的单价指标和占地指标计算工程投资。引水减污按引水水利工程计算投资。疏浚清淤按疏浚清淤工程量单方投资进行计算。

地表水水质保护监测设施投资估算,监测投资为按设置的监测断面和监测项目需要增加的监测站点和监测能力费用,包括人员、设备、征地、房产等资金。可参考现有监测站点基建费用进行估算。

7.3.3 地下水水质保护措施

(1)对由于不合理开发利用地下水而造成地下水超采、海水入侵、咸水入侵和地下水受到污染的地区,在利用现有成果的基础上,研究提出治理保护和改善的对策措施。对地下水有一定开发利用前景和地下水规划开采区,要制定相应的预防、监督和保护对策。

(2)地下水保护总体目标:全国总体来讲,到2030年,要实现合理开发利用地下水,基本达到采补平衡;使超采区的地下水开采得到有效控制,全面遏制地下水位持续下降趋势,不再发生新的环境地质灾害,明显改善生态环境;地下水污染地区的水质状况均得到改善,地下水基本达到Ⅲ类水质标准;其他地区的地下水开发利用得到合理有效的利用,控制其达到采补平衡;地下水饮用水水源地保护区的水质得到保护;建立比较完善的地下水管理体系和监测监督系统,实现地下水资源的可持续利用。

(3)在水资源开发利用现状调查评价成果以及其他有关研究成果的基础上,划分地下水开发利用及管理的类型区,确定浅层地下水与深层承压水的超采区范围与超采量以及其他各类型区的范围和开发利用现状及存在问题。根据经济社会发展对水的需求和可获取其他水资源供给的实际状况,提出各规划水平年各类型区地下水的控制水位,控制开采的目标、范围、措施以及相应的管理制度,如削减地下水开采量、合理布井、科学安排开采计划、进行地下水人工回灌、地下水开发利用管理规程等。

（4）在已有研究成果和本次规划相关工作的基础上，分析研究海水入侵、咸水入侵现状及发展趋势，提出防治海水入侵和咸水入侵的目标，制定控制地下水开发利用的方案，有效控制海水入侵和咸水入侵。

（5）在已有成果和本次规划相关工作的基础上，分析导致地下水污染的污染源及污染途径，制定有效措施，截断污染地下水的通道，防治地下水水质继续恶化。同时，提出地下水污染区的治理对策，如采取生物工程措施等。对尚未遭受污染的地区，要求制定地下水保护的目标和相应的对策措施。

（6）在已有成果和本次规划相关工作的基础上，划定地下水饮用水水源地保护范围，做好地下水水源地保护区的生态环境建设，建立健全地下水动态监测网络和水质保护的监督管理机制，保证地下水水质符合饮用水水质标准。

7.3.4 与水相关的生态环境修复与保护

（1）在水资源开发利用情况调查评价的基础上，根据本次规划需水预测、供水预测及水资源配置等相关部分的分析成果，对由于水资源的不合理开发利用以及不恰当的水事行为造成的与水相关的生态环境问题的地区，应研究相应的对策措施，逐步修复生态环境。对其他地区要研究预防、监督与保护的对策。

（2）根据水资源配置等部分的成果，对现状用水超过当地水资源承载能力，导致生态环境严重恶化的地区，要研究生态环境用水，提出包括生态环境用水在内的水资源配置方案，从而在满足生活、生产用水的条件下，对生态环境用水做出总体安排。根据生态环境用水研究成果制定与水相关的生态环境保护的对策措施，改善生态环境。提出修复生态环境的工程措施和非工程措施，并对其预期效果进行分析。

（3）根据水资源配置等部分的成果，分析研究造成河道断流（干枯）、湖泊与湿地萎缩的原因，提出解决此类生态环境问题的方案，制定对策措施，如河流上下游多水库联合调度、增加河道内用水量等。

（4）根据水资源配置等部分的成果，分析研究增加河流下游流量的配置方案，以及地表水与地下水的联合调度方案，控制地下水水位在一个合理的水平上，既不产生荒漠化，又不产生次生盐渍化等生态环境问题，提出解决河流下游天然林草枯萎、荒漠化、次生盐渍化等生态环境问题的对策措施。

第8章　水资源保护有关法规介绍

8.1　我国法律规范的表现形式及其创制机关

8.1.1　法律(就狭义而言)

法律是拥有立法权的国家机关,根据立法程序制定和颁布的规范性文件。法律包括根本法、基本法律和其他法律。

8.1.1.1　根本法(宪法)

根本法(宪法)规定我国的根本制度和国家生活的基本原则,包括我国的社会制度和国家制度的基本原则、国家机关的组织和活动的基本原则、公民的基本权利和义务等。宪法具有最高法律效力,是制定其他法律的依据,所以宪法又称为母法。宪法由全国人民代表大会制定。宪法的修改,由全国人民代表大会常务委员会或者1/5以上的全国人民代表大会代表提议,并由全国人民代表大会以全体代表的2/3以上多数通过。

8.1.1.2　基本法律

基本法律规定我国社会政治、经济、文化以及其他社会生活中某些基本的和主要的社会关系。基本法律的效力仅次于宪法,是制定从属法规的依据。基本法律包括民法、民事诉讼法、刑法、刑事诉讼法、行政诉讼法等。基本法律的制定和修改由全国人民代表大会以全体代表的过半数通过。在全国人民代表大会闭会期间,常务委员会可以进行部分补充和修改,但是不得同该项法律的基本原则相抵触。

8.1.1.3 **其他法律**

其他法律是指除宪法和基本法律外的法律(1982 年以前的宪法称基本法律为法律,称其他法律为法令)。它规定我国政治、经济、文化以及其他社会生活中某个方面的社会关系。其效率略低于基本法律而高于法规,也是制定法规的依据,包括水法、矿产资源法、森林法、土地管理法、渔业法、治安管理处罚条例、逮捕拘留条例等。其他法律的制定和修改由全国人民代表大会常务委员会以全体委员的过半数通过。

8.1.2 法规

法规一词有两种含义:一种含义是泛指宪法、法律、法规和国家机关制定的一切规范性文件的总称;另一种含义是专指某些国家机关制定的规范性文件。本章叙述的是专指意义上的法规。

法规分为行政法规、地方性法规及民族区域自治条例和单行条例。

8.1.2.1 **行政法规**

行政法规是指由国务院根据宪法、法律而制定的规范性文件和国务院认可(批准和同意转发)的部、委制定的规范性文件,以及国务院发布的具有普遍约束力的决定、命令、通令和通知等法规性文件。行政法规的效力低于法律而高于地方性法规、自制条例、单行条例和规章的依据之一。

8.1.2.2 **地方性法规**

地方性法规是指省、治自区、直辖市人民代表大会及其常务委员会、省、自治区人民政府所在地的市和经国务院批准的较大的市(简称特定的省辖市)的人民代表大会及其常务委员会根据宪法、法律和行政法规而制定的规范性文件。省、自治区、直辖市制定的地方性法规报全国人民代表大会批准后施行,并由省、自治区的人民代表大会常务委员会报全国人民代表大会常务委员会和国务院备案。地方性法规的内容不得违背法律和行政法规的原则与规定。省级地方性法规的效力高于特定省辖市级地方性法规。特定省辖市级地方性法规的内容不得违背有隶属关系的省级地方性法规的原则和规定。

民族自治区域的自治条例和单行条例指民族自治地方的人民代表大会根据宪法、法律和国务院的行政法规而制定的关于民族自治的规范性文件。自治区的自治条例和单行条例报全国人民代表大会常务委员会批准后生效。自治州、自治县的自治条例和单行条例报省或者自治区的人民代表大会常务委员会批准后生效,并由省、自治区的人民代表大会常务委员会报全国人民代表大会常务委员会备案。

8.1.3 规章

规章分为行政规章和地方政府规章。

8.1.3.1 行政规章

行政规章是指中央行政机关即国务院所属部、委依照行政职权而制定的针对某一类行政事务的规范性文件。

8.1.3.2 地方政府规章

地方政府规章是指省、自治区、直辖市人民政府以及特定的省辖市人民政府依照法律规定的权限而制定的规范性文件和认可(批准或者同意转发)的由所属厅、局、委制定的规范性文件。

国务院各部、委在本部门权限内发布的具有普遍约束力的决定、命令等文件,与行政规章的法律效力等同。省、自治区、直辖市人民政府和特定省辖市人民政府在自己的权限内,发布的具有普遍约束力的决定、命令等文件与地方政府规章的法律效力等同。

8.1.4 其他规范性文件

其他规范性文件是指特定省辖市以外的市和县的人民代表大会及常务委员会,以及人民政府,依照法律规定的权限,通过和发布的具有普遍约束力的决议、决定、命令、管理细则等规范性文件。

其他规范性文件还包括乡、民族乡、镇的人民代表大会或者人民政府,在职权范围内,通过和发布的在本行政区内有普遍约束力的决议、决定和命令等规范性文件。

8.2 水环境保护的一些政策、法律

8.2.1 环境政策体系

环境政策是国家为保护和改善环境而对一切影响环境质量的人为活动所规定的行为准则。我国的环境政策是政府部门为了有效地保护和改善环境所制定与实施的环境保护工作方针、路线、原则、制度及其他各项政策的总称。

随着环境保护工作的不断深入,经过反复的实践和探索,我国已经初步形成自己的环境政策体系。主要由以下三个方面构成:

(1)环境保护的方针、原则和制度。

早在 1956 年,我国就提出了工业废物"综合利用"方针。1973年召开的第一次全国环境保护会议正式确立了我国环境保护工作的基本方针:"全面规划,合理布局,综合利用,化害为利,依靠群众,大家动手,保护环境,造福人民。"1983 年召开的第二次全国环境保护会议提出环境保护是我国的一项基本国策,并确定了我国环境保护的战略文件,即"三同步"的方针:经济建设、城乡建设和环境建设同步规划、同步实施、同步发展,做到经济效益、社会效益和环境效益的统一。

我国环境保护法明确规定了"预防为主与防治结合"、"谁污染谁治理"的原则和"环境影响报告书"制度及"三同时"制度。

(2)环境保护的具体政策。

环境是由各种环境要素所构成的,环境保护具体来说就是指保护各类环境要素。因此,在制定环境保护政策时,要针对保护各类环境要素的需要,制定一些具体的政策,如自然保护区政策、森林保护政策、土地保护政策、大气环境政策、水环境政策、居民区环境政策等。

（3）环境保护的相关政策。

为了使上述各项环境保护的方针、政策、原则和制度得以顺利实施，还需要制定一些相关的政策，如环境社会政策、环境经济政策、环境技术政策、环境管理政策等。

环境社会政策是为解决人与社会作用而产生的环境问题所制定的政策，如环境人口政策、环境纠纷处理政策以及国际活动方面的环境政策等。

环境经济政策是指为了保护环境所制定的有关经济政策，如奖励"三废"综合利用政策、排污收费政策等。

环境技术政策是为解决环境问题而制定的有关科学技术方法、途径等方面的政策规定，如环境保护技术政策、水污染防治技术政策等。

环境管理政策是为实施环境监督管理所规定的政策，如环境监测制度、环境影响评价制度、排放污染物许可证制度、污染限期治理制度等。

8.2.2　《中华人民共和国水污染防治法》

1984年5月11日，《中华人民共和国水污染防治法》由六届全国人大常委会第五次会议通过，自1984年11月1日起施行。1996年5月15日，根据八届全国人大常委会第十九次会议《关于修改〈中华人民共和国水污染防治法〉的决定》对这部法律作了修改。2008年2月28日，十届全国人大常委会第三十二次会议对原水污染防治法予以了全面修订。新修订的《中华人民共和国水污染防治法》共八章九十二条，于2008年6月1日起实施。

这部法律在总结我国实施原《中华人民共和国水污染防治法》经验的基础上，借鉴国际上的一些成功做法，加强了水污染源头控制，完善了水环境监测网络，强化了重点水污染物排放总量控制制度，全面推行排污许可制度，完善饮用水水源保护区管理制度，在加强工业污染防治和城镇污染防治的基础上又增加了农村面源污染防治和内河船舶的污染防治,增加了水污染应急反应要求,加大了对违法行为的处罚力度,完善了民事法律责任。这一系列法律制度的建立健全,对防治水污染、保护和改善环境、保障饮用水安全、促进经济社会全面协调可持续发展具有重要的意义。

与原《中华人民共和国水污染防治法》相比,新法在适用范围、水污染防治的标准和规划、排污申报、环境影响评价和"三同时"制度等方面基本保留并维持了原水污染防治法的有关规定。同时,也在水污染防治的原则、关于地方政府对水污染防治的责任、关于水环境生态保护补偿机制、关于排放水污染物的法定要求、关于重点水污染物排放的总量控制制度、关于排污许可制度、农业、农村及船舶水污染防治、优先保护饮用水水源、关于水污染应急反应、完善法律责任等方面对原水污染防治法的有关内容作了修改、完善和补充。此外,本法还明确规定,违反本法构成违反治安管理行为的,依法给予治安管理处罚;构成犯罪的,依法追究刑事责任。

8.2.3 《取水许可制度实施办法》

《取水许可制度》是《中华人民共和国水法》规定一项制度,其实施办法于 1993 年 8 月 1 日由 119 国务院令发布,《取水许可制度实施办法》是目前水资源管理较具体的法规。

《取水许可制度实施办法》贯彻了开发利用与保护、水量水质一体化管理的原则及各级水行政主管部门在审批取水许可、发放取水许可证方面的权属管理地位。

《取水许可制度实施办法》规定了新建、改建、扩建的建设项目,需要申请或者重新申请取水许可的,建设单位应当在报送建设项目设计任务书前向县级以上人民政府水行政主管部门提出取水许可预申请,经批准的取水许可预申请是报送建设项目设计任务时的必备文件。

经批准的建设项目应当持设计任务书向县级以上水行政主管部

门提出取水许可申请。《取水许可制度实施办法》规定了取水许可申请应当提交的文件及取水许可申请书的内容，并规定必须说明退水地点和退水中所含主要污染物以及污水处理措施。

取水许可申请被批准之后，水行政主管部门应向建设单位发放取水许可证。

《取水许可制度实施办法》还规定了各级水行政主管部门的管辖范围以及取水许可的时限、违法取水的处罚措施等。

实施取水许可制度是加强水资源统一管理的核心，也是《中华人民共和国水法》和各级政府赋予水行政主管部门的主要职责。目前，各省(市)已普遍开展了取水登记和审批、发放取水许可证的工作。这对加强水资源的统一管理和宏观控制，有效地保护和合理开发利用水资源起到了显著作用。

8.2.4 《取水许可水质管理规定》

为全面贯彻《取水许可制度实施办法》，加强水资源管理和保护，水利部颁布了《取水许可水质管理规定》，自 1996 年 1 月 1 日执行。

《取水许可水质管理规定》提出了水质管理要求：取水处水体水质或经处理的水质应达到申请用水水质要求。申请取水人不得向水源地一、二级保护区及供水渠道内排放含有污染物的退水；不得利用渗井、渗坑、裂隙和溶洞排放含有毒污染物、含病原体的退水；向河道、湖泊退水，应当符合国家或地方的污染物排放标准；在实行排放总量控制的水域，退水中污染物总量不得超过规定的指标。

新建、改建、扩建的建设项目，建设单位在提出取水许可证申请时应按规定提交取水和退水对水环境影响的分析报告；取水许可预申请受理机关应对取水和退水水质对水环境影响的分析是否可靠，有无漏项，并按取水许可水质管理要求逐项提出书面审查意见。若文件不符合规定要求，可要求申请人补正后再行审查。对于原水水质或经处理后仍不能满足申请人要求；污水治理能力不足，退水水质将超过排放标准;向城市一、二级水源保护地排放含污染物的退水;总量控制区内,退水中污染物总量超过总量控制指标;取水或退水严重影响第三者用水水质的情况,审批机关不予同意取水许可预申请。

建设单位在提出取水许可申请时,涉及水质应提交取水工程环境影响报告书(表)及预申请的审查意见。受理机关应经核查后,根据规定提出审查意见。

取水工程竣工验收后,申请人应向审批机关报送取水口、退水口及受纳水体的水质及退水水量,经核验合格后,发给取水许可证,方可投产。

取水许可水质管理规定还对改变退水地点、水量,报送年度用水计划和总结,进行水质监测及违反规定的处罚作出了相应的规定。

取水许可水质管理规定的实行,将有效地控制水环境污染,改善天然水体的水质状况,是加强水质管理、实现水质保护目标的有力措施。

8.2.5 《建设项目环境保护管理办法》

《建设项目环境保护管理办法》于1986年由国务院环委会及国家计划经济委员会联合颁布。

《建设项目环境保护管理办法》中具体规定了有环境影响的项目必须执行环境影响报告书的审批制度及执行防治污染的"三同时"制度。

环境影响报告书是设计任务书(可行性研究阶段)的必备文件,环境报告书没有通过批准,计划、土地、银行、工商等部门都不再继续办理其他手续。

《建设项目环境保护管理办法》还规定了建设项目的初步设计必须有环境保护篇章以及相应的内容。施工期也必须进行环境保护。

建设项目在正式投产或使用前必须由环境保护部门检查"三同时"执行情况。

《建设项目环境保护管理办法》的颁布使我国建设项目的环境管理走上规范化、法律化的道路。

8.2.6 《征收排污费暂行办法》

《征收排污费暂行办法》是 1982 年由国务院颁布实施的,是"谁污染,谁治理"原则的具体体现。

《征收排污费暂行办法》有关废水的规定是:超过了国家规定标准排放污染物,要按照排放污染物的数量和浓度,根据规定收取超标排污费。当时的国家标准主要是执行工业"三废"标准中的废水排放标准,征收的排污费作为污染治理的专项资金由环境保护部门会同财政部门统筹安排使用。原来规定所收排污费的 80% 返回原企业,后改为拨改贷进行统筹安排,1991 年废水排污费征收标准有所提高。

我国排污收费的基本政策是:收费不免除治理责任,排污费强制征收,累进制收费,新污染源收费从严,过失排污、违章处罚,排污费与超标排污费同时征收,排污费可计入生产成本,排污费专款专用,排污费的补助,排污费有偿使用等十项原则。

排污收费制度实施 10 多年来,作为强化环境监督管理的重要手段,在发展生产、保护环境中发挥了积极作用。

8.3 水利部主要管理职责

根据水利部文件《办部[1998]55 号"关于转发国务院办公厅'关于印发水利部职能配置、内设机构和人民编制'规定"》,水利部的职能配置及主要管理职责如下。

8.3.1 职能调整

8.3.1.1 划出的职能

(1)水电建设方面的政府职能,交给国家经济贸易委员会承担。

（2）在宜林地区以植树、种草等生物措施防治水土流失的政府职能,交给国家林业局承担。

8.3.1.2 划入的职能

（1）原地质矿产部承担的地下水行政管理职能,交给水利部承担。开采矿泉水、地热水,只办理取水许可证,不再办理采矿许可证。

（2）原由建设部承担的指导城市防洪职能、城市规划区地下水资源的管理保护职能,交给水利部承担。

8.3.1.3 转变的职能

（1）按照国家资源与环境保护的有关法律法规和标准,拟定水资源保护规划,组织水功能区划分,监测江河湖库的水质,审定水域纳污能力,提出限制排污总量的意见。有关数据和情况应通报国家环境保护总局。

（2）拟定节约用水政策,编制节约用水规划,制定有关标准,指导全国节约用水工作。建设部门负责指导城市采水和管网输水、用户用水中的节约用水工作并接受水利部门的监督。

8.3.2 主要职责

根据以上职能调整,水利部的主要职责是:

（1）拟定水利工作的方针政策、发展战略和中长期规划,组织起草有关法律法规并监督实施。

（2）统一管理水资源（含空中水、地表水、地下水）。组织拟定全国和跨省（自治区、直辖市）水长期供求计划、水量分配方案并监督实施,组织有关国家经济总体规划、城市规划及重大建设项目的水资源和防洪的论证工作,组织实施取水许可制度和水资源费征收制度,发布国家水资源公报,指导全国水文工作。

（3）拟定节约用水政策,编制节约用水规划,制定有关标准,组织、指导和监督节约用水工作。

（4）按照国家资源与环境保护的有关法律法规和标准,拟定水资源保护规划;组织水功能区的划分和向饮水区等水域排污的控制;

监测江河湖库的水量、水质,审定水域纳污能力;提出限制排污总量的意见。

(5)组织、指导水政监察和水行政执法,协调并仲裁部门间和省(自治区、直辖市)间的水事纠纷。

(6)拟定水利行业的经济调节措施,对水利资金的使用进行宏观调节,指导水利行业的供水、水电及多种经营工作,研究提出有关水利的价格、税收、信贷、财务等经济调节意见。

(7)编制、审查大、中型水利基建项目建议书和可行性报告,组织重大水利科学研究和技术推广,组织拟定水利行业技术质量标准和水利工程的规程、规范并监督实施。

(8)组织、指导水利设施、水域及其岸线的管理与保护,组织指导大江、大河、大湖及河口、海岸滩涂的治理和开发,办理国际河流的涉外事务,组织建设和管理具有控制性的或跨省(自治区、直辖市)的重要水利工程,组织、指导水库、水电站大坝的安全监管。

(9)指导农村水利工作,组织协调农田水利基本建设、农村水电电气化和乡镇供水工作。

(10)组织全国水土保持工作,研究制定水土保持的工程措施规划,组织水土流失的监测和综合防治。

(11)负责水利方面的科技和外事工作,指导全国水利队伍建设。

(12)承担国家防汛抗旱总指挥部的日常工作,组织、协调、监督、指导全国防洪工作,对大江大河和重要水利工程实施防汛抗旱调度。

(13)承办国务院交办的其他事项。

8.4　水规划

　　规划通常是与技术经济结合的综合性中长期指导性的发展计划,也是地区的或者行业、事业、产业的发展战略部署,是进行宏观调控的重要手段。现在各地区、各行业都有自己的规划,但水规划具有特殊的重要性。这是由于现代社会防治水害和开发水利的事业,已经不能就单项工作的技术经济论证进行决策,必须把单项工程置于流域或者区域的大系统之中,从全局和系统的高度把握工程的合理性与可行性。1976年阿拉斯加国际水法会议,在总结各国经验的基础上,提出了水政策、水法规、水规划是水管理的3个基本要素的观点。水政策和水法规是具有普遍约束力的行为规范,但是将法定的规范具体落实到特定的流域和区域,则是一个极为复杂的问题。例如治理,涉及两省一市的防洪、治涝、用水、通航等方面的问题,矛盾错综复杂。政策和法规对一些具体问题难以直接操作,只有经过制定规划,才能把政策、法规的原则性规范转化为具体的实施方案,从全局上和战略上有一个具体安排,以此为依据判别具体工程的合理性与可行性。也就是说,水政策与水法规的原则规定,只能通过编制规划,才能具体体现。

江河治理和水工程建设所要解决的是人与自然的矛盾,因而需要认识和掌握水的自然规律;水政策、水法规所要解决的是人与人在水方面的权益关系,即社会经济关系。也就是说,前者是硬件,后者是软件。而水规划则能综合地解决和处理人与水的矛盾及人与人的矛盾,是自然规律与社会规律的有机结合,是水政策、水法规与水工程建设的有机结合,是硬件与软件的有机结合。只要做好规划、重视规划,并以规划为依据,才能实现水政策与水法规的宗旨。因此,水规划具有准法规的地位。

8.5　水环境保护

水环境保护是水利部门与环境保护部门的共同任务,二者应当各司其职、协同配合。国务院批准的水利部“三定”方案明确规定,水利部负责全国水资源统一管理和保护。地方各级人民政府明确水利部门为水行政主管部门时,也都赋予其在管辖范围内水资源统一管理和保护的职责。水利部门作为水资源保护的主管部门,也是环

境保护方面的重要协同部门,在水环境监督管理方面起着不可替代的作用,并具有特有的基础和优势:

(1)江河、湖泊、水库、河道都有比较健全的管理机构。七大江河流域都设有水利部、国家环保局双重领导的水资源保护局(办),各级水政水资源机构都具有水环境保护的职责,已经形成比较健全的管理组织体系。

(2)大量水利工程发挥调节控制水资源的作用,特别是水库的调蓄作用,对改善水质、保护水环境起着举足轻重的作用。例如丰满水电站径流调节对松花江在枯水期的水质影响就很大;水库、水闸的调度运用,地表水与地下水联合调度;进行地下水回灌,跨流域引水补源等。通过水利工程的建设与运行,改善生态环境是水利部门最大的优势,是水利部门主管的事情,也是其他部门难以替代的。

(3)水利系统有健全的水文监测体系,对水资源与水环境具有监测的职能。全国水质观测站有 4 500 处,3 450 处水文站中有 2 546 个监测点,还有 1.3 万个地下水监测点,这是监视水环境的耳目。

(4)水利部门有一支理论与实践相结合的水环境方面的技术队伍和科研力量,其中有些是国内外有影响的专家,他们掌握江河的水文特性、流域规划,熟悉江河的环境容量和污染物质对水体的影响,这些技术优势也是较强的。

(5)水环境保护必须分划不同的水体功能和用途,实施相应的标准和措施,而水体功能区的划分则是水利部门的职责。

水利部门能否切实承担起水环境保护监督的职责,关键在于是否真正建立环境管理的观念,只有观念转变了,职能才得以转变,工作才能自觉地赶上去。

8.6 水费与水资源费

《中华人民共和国水法》第 34 条规定:使用供水工程供应的水,应当按照规定向供水单位缴纳水费。对城市中直接从地下取水的单位、征收水资源费;其他直接从地下或者江河、湖泊取水的,可以由省、自治区、直辖市人民政府决定征收水资源费。

水费与水资源费是水利战线演化改革的重要课题,是水利部门实现经济良性循环的重要支柱。《中华人民共和国水法》对水费与水资源费的规定,为水费改革和征收水资源费提供了基本的法律依据。

8.6.1 关于水费

水资源是一种自然资源,不是劳动创造的,没有劳动价值,也没有劳动价值转化而成的价格。它是国家和人民的宝贵财富,但不是商品,水资源的时空分布与社会用水的时空要求差异很大。水利供水工程就是按照工农业发展和人民生活的需要,通过蓄、泄、引、提等工程手段,为社会提供水源。水利工程所供的水,从经济意义上讲,已经不是天然状态的水资源,而是经过投入劳动和物化劳动加工后的水,具有价值,具有商品属性。

水利工程对水资源的加工,不是机械性加工、结构性加工或者化学性加工,而只是对水的时空分布进行调整。从系统论的观点看,水利工程对水资源的加工可以概括为数量维、质量维、能量维、时间维。以水电站为例,大坝拦蓄河川径流,目的是把难以利用的汛期洪水贮蓄起来,转变为常年可利用的水源,增加可利用水量,就是体现数量的加工;抬高水位,集中势能,将水的势能通过水轮机、发电机转化为电能,这就叫做能量维的加工;将丰水期多余的水转移到枯水期利用,就叫做时间维加工;其他引水工程将水源输送到用水地区使用,这就叫空间维加工;水处理工程和其他起到改善水质作用的工作,就是对水的质量维加工。矿产资源的开采也属于这种加工类型。煤贮存于地下矿床时,它是自然资源,没有价值。煤炭开采出来以后,煤炭的理化性质并未改变,但这部分煤炭已经脱离矿藏状态,而成为矿产品,这部分矿产品作为商品进入市场。当工厂买回煤炭以后,这部分煤炭成为工厂生产的燃料,又失去了商品属性。因此,水利供水工程单位对用水户收取水费是天经地义的。天经地义的事情为什么还需要在法律中予以肯定? 这是因为多年来背离经济基本规律,养了一部分人吃"大锅水"的习惯,为改变这一状况,就需要通过法律手段予以保证。

8.6.2 关于水资源费

(1)水是宝贵的自然资源,不是劳动创造的,没有劳动价值,也没有劳动价值转化而成的价格,我国在历史上都是无偿使用的。从20世纪70年代后期到80年代初期,北方和沿海一些城市水资源短缺的问题日益突出,各级政协委员会和有关部门大力推行计划用水,厉行节约用水。供水用水设施分为3个系统:一是城市自来水系统,自来水用户的计划用水和节约用水工作,由管理经营自来水系统的城建部门管理;二是水利工程供水系统,年供水量超过4 000亿 m^3,其中供农业灌溉占80%以上,供城市工业用水近20%,其计划用水和节约用水工作由水利部门管理;三是大中型工矿企业的自备水源工程,年取水量200多亿 m^3,比当时自来水年取水量还多1/2,这部分取水用水,在20世纪80年代以前实际上没有管理起来,任意取水,在1982年以后开始在北方一些大城市和较大城市对工矿企业自备井征收水资源费。水利部门征收水资源费是在1984年以后在北方几个省市开始。《中华人民共和国水法》颁布以来,征收水资源费工作发展较快,但由于征收水资源费的行政法规一直没有出台,征收工作存在不少困难和问题。此外,对水资源费的理论和认识方面也需要进一步深化。

(2)水资源费是由水资源的稀缺性和由法律规定的水资源属于国家的所有权形成的,也有认为水资源的稀缺性和国家所有权并不构成收取水资源费的必要条件。这个问题直接涉及水资源费的收费范围和收费性质。我们认为,持不同看法的同志没有划清必要条件与充分条件的界限,从法律和法理依据看,这种必要条件是成立的。

法律关系是多种多样的,法律关系的客体也是多种多样的,归纳起来,法律关系的客体分为 3 类:物、行为和非物质财富。水资源是一种特定物。物理意义上的物与法律意义的物是有区别的。法律意义上的物是指法律关系主体所能控制和支配的,在生产和生活上具有使用价值的物质资源。物可能是劳动创造的,也可能是天然存在的。天然存在的物能够成为法律关系的客体,必须具备两个条件:一是能够被人类社会控制、利用、加工后,为己所用;二是这种物质具有相对的短缺性。空气、阳光都是天然存在之物,但它不具备法律上物的意义,也不存在所有权问题。既然不存在所有权问题,任何人都能自然地分享,国家也就无权征收空气费、阳光费等。水资源则不同,它能够被人们占有、控制、利用,并且由于水量相对短缺,竞相开发利用,才产生水的权益分配问题。国家为了统筹安排和管理全社会的水权益,才规定水资源属于国家所有,这样才从法律上确立了国家统一管理水资源并征收水资源费的法律依据。

(3)征收水资源费的主要宗旨是利用杠杆厉行节约用水,遏制用水浪费现象,加强水资源的管理与保护。同时,水资源费也是用水单位对水资源主管部门提供服务的补偿。

水资源本身是没有劳动价值的,但当使它具备开发条件时,就已投入了大量劳动。因为在开发利用以前,我们必须对资源进行调查、勘测、评价和研究等,在开发利用后还有许多附加劳动支出,如对地下水的补源、回灌和保护等。这些劳动消耗的补偿,构成了水资源费的基础。它既不同于水费,也不同于税收,而是水资源开发利用特性决定的附加费用支出,属于间接成本性质。以水文方面为例,开发利用水资源,必须进行长期持久的水文测验和大量的勘测、调查、评价、规划、科研和保护工作,工作任务十分繁重,每年都要投入大量的资金。随着水资源开发利用水平的提高和保护措施的加强,这方面耗费的人力和资金会越来越大。仅以水文测站系统为例,全国有水文站 3 400 多个、水质监测站 4 500 多个、地下水观测点 13 000 多个,整个水文队伍有 3 万多人,年费用数亿元,过去这笔费用全部由国家承担,由各级财政列支。鉴于这方面开支越来越大,国家财政难以满足需要,已经使这一重要的基础事业处于难以为继的境地。在这种情况下,本着以水养水的原则,开辟新的资金渠道,是合情合理的,是完全必要的。

8.7　加强水行政立法工作

第一,水事立法应在宪法中有所反映。宪法是国家的根本大法,它是国家意志的最高体现。因此,制定宪法和历次修改宪法都组织全民广泛讨论。水利部作为管理全国水利工作的最高行政机关,应当充分反映水利方面的意见和要求,争取在宪法中有所反映。在1982年《宪法》讨论时,国家环境保护局在烟台专门召开会议,讨论宪法的有关条文,会后向中央写了专门报告。后来在宪法中对环境保护就专门写了一条。环境保护作为一项重要国策,有了宪法依据。治水在中国历史上从来是治国兴邦的大事,争取把治山治水写入宪法,也不是不可能的。

第二,水事立法应在刑法中有所反映。刑法是国家的基本大法。水法在中国有悠久的历史,历史的重要法典都包括不少水法条文,在这些水法条文中,对于水事违法行为都规定了比较严厉的刑罚条款,对水利官员失职行为,不仅可以降职、撤职,最严重的还处以死刑。在现行的《刑法》第二章中,对破坏火车、汽车、电车、船只、飞机、电力、煤气、广播电台、电报、电话都有专门的刑事处罚条文;对工厂、矿山、林场、建筑企业因违章造成损害的,也都规定了刑事处罚,但是,关系到国计民生和人民生命财产安全的水利工程和水事破坏案件未提及。有人说《刑法》第100条、第105条、第106条提到了"决水",但是细读条文可以看出,这两条是把决水作为犯罪手段,并非把水作为保护对象,保护对象是工厂、矿场、油田、港口、河流、水源、仓库、住宅、森林、农场、谷场、牧场、重要管道、公共建筑等14项。其中,水流、水源与水利密切相关,但未提水利工程和水利设施。《中华人民共和国水法》颁布以后,各地处理了一批破坏水利的案件,但是在处理时由于没有明确的相应的刑法条文,办案比较困难。究其根源,就是在刑法中没有具体规定。

与刑事处罚相关联的《治安管理处罚条例》,在 1957 年颁布的条例中,提出了对破坏小型水利设施的行为实施治安处罚。顺理成章,破坏大中型水利工程的,已超出治安管理范围,而应当给予刑事处罚,但刑法中却没有列这一条。经过修改后重新颁布的《治安管理处罚条例》,小型水利这一条未保留。立法上的疏忽影响深远,现在全国有几百个水利公安派出所,他们一再反映在执法上无明确条文可依,十分困难。

第三,民法也是一项国家的基本法律,在民国政府时期的民法中,水事条文有 20 多条,规定得相当具体。我国现行《民法通则》是通则性的,十分简练,不可能对水事关系作具体规定,只是在《民法通则》第 83 条对相邻关系作规定时,提到了截水、排水的相邻关系,显然这是不够的。

第 9 章　水环境信息系统

9.1　水环境信息系统概念

水环境信息系统是应用性的发展领域,属于水信息学的学科范畴。水信息学是研究与水环境相关数据的收集、处理、存储、分析和图形显示等的学科,它通过综合数学、计算机科学、传统水环境科学和工程学的方法,来揭示大量复杂的水环境规律,解决水环境问题。水信息学出现于 20 世纪 80 年代初期,1989 年出现了 Hydroinformatics 的名称。1991 年 M. B. Abbott 教授的专著《Hydroinformatics: Information Technology and the Aquatic Environment》的出版标志了水信息学的正式诞生。水环境信息系统是为管理服务的,在水环境监测和调查的基础上,利用计算机技术和通信技术,实现环境信息的采集、传递、存储、维护、分析的系统。水环境信息系统作为水信息学的重要研究方向,由于几乎涵盖了水信息学研究和应用领域,包括数据的获取和分析、先进的数值分析方法和技术、控制技术和决策支持等,所以从其产生就受到重视,因此发展迅速、应用广泛。

9.2　水环境信息系统的意义

9.2.1　水环境信息系统的应用意义

水环境的管理涉及对大量业务信息数据的存储、查询和分析,同时现代水环境管理模式必须应用相关自然地理、社会经济的信息,水环境信息系统的建设和应用可以实现对这些信息的有效利用。同时,水环境信息系统的应用意义还不仅表现在纯粹的技术环节,其更重要的意义在于通过采用现代化的技术手段,促进水环境管理方式的变革,提高工作效率,增强工作的有效性。

最近,我国几大流域机构相继提出并正在积极实施"数字黄河"、"数字长江"等工程,这些工程可以统一视为"数字流域"的概念。"数字流域"作为"数字地球"概念的延伸,是中国水利现代化的一个重要组成部分。作为解决水环境问题的重要技术手段,水环境信息系统是"数字流域"工程建设的关键技术内容。通过内容与技术的整合,成功地建设水环境信息系统,将把我国的河流管理提高到网络技术及仿真技术阶段,推进中国水利现代化进程。

9.2.2 水环境信息系统的理论价值

水环境信息系统的建立需要不同学科相关技术的交叉和有机融合,除作为基础的环境、水文、化学等学科外,还包括信息科学的最新进展,同时为了评估水污染的经济成本,经济学的理论方法也被引入进来。

水环境信息系统的理论价值体现在以下几个方面:

(1)水环境信息系统可以提供一种综合的、互相联系、前后贯穿的解决方案,实际上也就是提供了一种模拟系统,对包括自然、社会因素的区域水环境进行综合模拟。

(2)一个成功的水环境信息系统的建立需要选择适合其目标的理论方法,并且用现代信息技术进行整合和表达。这种整合和表达不是简单的借用或者堆积,而是需要对照现实状况,进行模式和参数的选取、验证,并根据信息技术的新进展,不断调整和优化整合的技术方法。

(3)水环境信息系统的需求和发展可以推动相关学科的发展。比如,为了实现水环境动力学模型与数字高程模型的结合应用,必须对水环境动力学模型的算法以及编程方式进行发展和改造。

9.3 水环境信息系统的技术体系

9.3.1 系统的内容体系

一个完整的水环境信息管理系统的内容体系,具有连续性和全面性,能够为水环境管理提供全面的信息处理和服务。其连续性体现为前后关联的信息处理过程完整表达水环境管理之中的业务链,最基础的信息通过这样一个信息处理过程,最终转化为直接支持管理决策的信息;其全面性体现为,在水环境管理的各个重要方面都提供子系统,全面实现水环境的评估和分析。

水环境信息系统的内容体系包括水质实验室整编、水环境信息维护、水环境信息查询、水环境评价、水环境统计、水污染损失评估、水污染控制辅助决策、水环境信息发布等内容。在一个水环境管理机构连续的工作流程上:水质实验室基础资料处理—技术部门统计评价—管理部门辅助决策—成果数据公开发布,这样一个具有完整内容体系的水环境信息系统可以提供全面应用支撑。本书在总体设计的基础上,对各个子系统的技术要点进行了分析。

9.3.1.1 水质实验室整编

实际工作中,在现场采样后,水环境监测的样品在水质实验室中通过各种仪器分析测试得出的数据,大多需要经过进一步的处理,才可以得到通常的污染物浓度指标,也就是成果数据,这个过程称为水质数据整编。

水质数据整编系统是整个水环境信息管理系统的基础部分,该子系统完成样品标定计算、吸光度校准曲线分析计算、水质分析基础数据的存储、水质整编计算、成果数据的存储等工作内容。按照分析方法将水质数据整编分为以下几类:容量法、分光光度法、其他可直接量测方法。

9.3.1.2 水环境信息维护

在信息维护子系统中,能够实现对各类信息的录入、修改、删除等功能,并且在系统用户对数据进行这些操作时,系统能够辨别用户对数据的操作权限,对未被授权的用户拒绝其操作。系统规划一定的权限,系统管理员通过对系统用户角色的分配,限定不同用户对系统数据的操作。

信息维护的内容大致可分为以下三类:污染源信息、水体质量信息及与水环境有关的自然地理、社会经济概况。主要包括测站信息、监测断面信息、水质信息、水质标准、污染源、区域经济信息和系统用户信息等。

水环境信息维护以采用 Web 结构为佳,维护的方式是在 Web上对以上信息进行浏览、添加、编辑和删除,并由具有相应权限的用户负责这些信息的维护工作。

9.3.1.3 水环境信息查询

根据用户的特定要求,形成查询语句,交由服务器端的 DBMS 执行,返回符合查询条件的数据,以文本、表格、图形的格式输出信息。查询的内容除基础数据信息外,还包括水环境评价、统计等结果数据。

信息查询以采用 WebGIS 技术为宜,其优势在于以地图的方式,实现空间分布信息的直观获取,同时 Web 技术使得查询系统更加高效和便捷。

9.3.1.4 水环境评价

水环境评价包括对水质和污染源进行现状评价。通过不同时段、不同参数的水质评价,可以指出水体的污染程度、主要污染物质、污染时段、位置及发展趋势。污染源评价采用单项污染指数法,以确定评价区域内的主要污染源排放是否超标。

9.3.1.5 水环境统计

为全面掌握水体污染在时间、空间上的变化规律,需要对水质监测数据进行统计计算出特定的指标,如监测断面污染指标的测值范围反映水体污染的变动范围,检出率、超标率反映水体污染的严重程度,最大值出现日期反映最劣水质出现的时段,平均值反映总体污染程度,这些统计项目集中反映在水质特征值统计中。

按照专业规定,把调查和监测资料汇集成为各种报表,如监测断面表、水质成果表、底质成果表等,也是水质统计工作的重要内容。通过这些统计结果,可以反映区域水体的总体污染程度、污染最严重时的情况。

9.3.1.6　水污染损失评估

通过建立水质状况与各类实物型经济损失量的定量关系,进行水污染经济损失货币化定量评估,反映人类活动所造成的水环境价值减少量。通过多种情景分析,定量评估水污染恢复费用以及水体恢复后所带来的经济效益,也即水环境价值增量。

根据水污染经济损失的基本特征,采用平移—变形的双曲函数作为水污染经济损失函数,其表达式为:

$$\gamma = K\frac{\exp[a(Q-N)]-1}{\exp[a(Q-N)]+1} + M \tag{9-1}$$

式中:a 为水污染对各分项计算内容的价格影响系数,a 值越大,函数曲线越陡,表明计算内容对水质状况极为敏感,反之,a 值越小,函数曲线越平缓,表明计算内容对水质状况敏感性比较差;M 为双曲函数拐点处对应水污染损失影响系数,也即水质类别对经济损失影响的对称转折点。

建立了以上的水污染经济损失函数之后,结合系统数据库中存储的社会经济统计资料和水环境监测部门的水环境质量监测数据,就可以对水环境质量变化过程中的经济成本进行定量计算,从而也就为区域水污染控制决策提供了定量化、理论化的依据,图 9-1 为采用以上方法进行的全国各流域水污染经济损失评估的实例。

9.3.1.7　水污染控制辅助决策

从广义上讲,上述各项内容都是为了实现水污染控制的辅助决策。本部分辅助决策功能重点强调通过水质数学模型、排污削减量

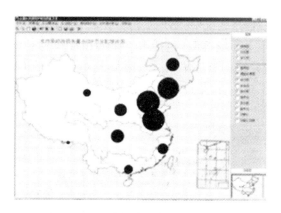

图 9-1 水污染经济损失评估

规划模型等水环境模型的运用,为了解预设条件下的水质状况,制定总量控制目标提供一个程序化的技术手段。这种模型运用方法又不同于传统的水环境模拟方法,其最大的特点是集成化以及模型数据处理的系统化。

(1)环境质量预测模型。根据区域水体功能区的环境质量要求,建立污染源与环境质量之间的预测模型,为确定总量控制目标提供技术依据。

(2)污染源控制方案。污染源首先要实现稳定达标排放,在此基础上根据总量控制的要求进一步削减排污量,为落实总量控制提供技术手段。

(3)总量控制优化方案。要实现总量控制目标,有多种具有代表性的污染控制方案。在实现区域可持续发展的前提下,进行多方案经济优化分析,筛选最优的总量控制方案,实现环境保护与经济发展的协同。

水污染控制辅助决策主要包括运用水环境模型进行地面水污染物允许排放量计算、地面水水质预测、污染负荷削减量计算、不同削减方案的水体质量对比分析、水质预警预报、水污染控制方案的经济成本评估等技术内容。

在水环境信息系统中,实现水污染控制辅助决策一个关键的技术环节是实现水环境模型(包括水流模型和水质模型)与数据库的数据集成、与系统的整体集成。采用基于 ActiveX 的 GIS 技术与水环境数学模型相结合,是目前理想的解决方案,图9-2 为一个水环境模型的集成的实例。

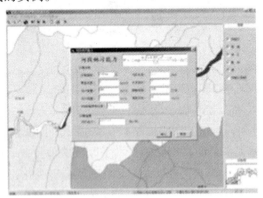

图9-2　水环境模型的集成

9.3.1.8　水环境信息发布

利用现代信息技术实现环境信息的公开,体现了社会发展的进步。发达国家环境管理经历了行政手段、经济手段、公众参与三个发展时期。当前,促进公众了解周边环境质量状况、监督污染物治理、积极参与环境管理已经成为重要的管理手段。因此,采用现代信息技术使公众及时准确了解水环境状况,成为水环境管理发展的新趋势。国家环境保护总局已经明确指出,作为中国环境政策和管理调整改革的重要内容,要积极推行信息公开化,加强公众对环境保护的监督。

采用 WebGIS 技术,构建水环境信息发布的公共平台,是实现环境信息公开化的重要体现。系统的主要业务内容是把水环境质量状况、水污染源状况、政府治理水污染的法规、措施等以直观的方式进行发布,使公众能够及时方便地了解水环境时空变化状况,监督污染治理成效。更为重要的是,提高公众的环境意识,引导我国全民从关注身边环境卫生和绿化发展到关注身边的污染,进而关注生态环境和政府决策。图9-3 为两个基于 WebGIS 的水质信息发布查询系统中,根据河段的水质类别,得到的河段色彩渲染专题图。

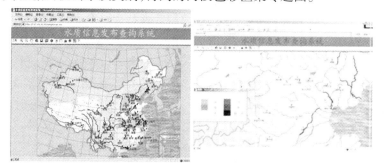

图9-3　河段污染类型 WebGIS 发布

9.3.2　系统的结构体系

　　水环境信息系统合理的结构体系是 Browser/Server 和 Client/Server 结合,在网络数据库上实现空间数据与属性数据一体化存储。为了分析水环境质量对社会经济活动的影响,将区域水污染经济损失评估的方法引入到水环境信息系统之中,结合水环境数据库中存储的相关社会经济信息,利用水污染经济损失函数进行区域水污染经济损失核算,既在理论上发展了水环境信息系统,又可以为管理决策部门提供更加有效的支持。

　　由于需求的提高和技术的进步,目前建设的水环境信息系统基本上都是基于网络结构体系的。在 Browse/Server 和 Client/Server 网络结构体系之中,Browser/Server 结构当前发展迅速,形成广泛应用的趋势。

9.3.2.1　Client/Server **结构**

　　所谓 Client/Server(客户/服务器),是指两个系统或两个处理之间的关系,即客户要求服务器为之完成某一工作,服务器在完成客户请求后将处理结果返回给客户。

在局域网环境下,客户进程与服务器进程往往分布在网络的不同主机上,服务器进程一般在功能较强的文件服务器上运行,而客户进程则运行于网络工作站上。在 Client/Server 体系结构中,Client 端负责从用户那里采集数据,接收用户的数据处理要求,然后将这些请求转换成 Server 程序能够识别的指令,并将这些指令通过网络传给 Server 程序。Server 程序在接收到 Client 传来的指令后,对其进行分析、优化并执行,然后将执行结果传给 Client 程序,再由 Client 程序将这些结果在用户面前呈现出来。

在水环境信息系统的内容体系中,水质实验室整编、水环境评价、水环境统计、水污染损失评估、水污染控制辅助决策的业务内容,一方面专业化特性明显,另一方面计算量较大;与此相对应,由于 Web 技术在某些技术方面尚有待发展和完善(例如,WebGIS 对动态图形的处理),所以仍然以采用 Client/Server 体系为宜。

9.3.2.2 Browser/Server 结构

与传统的两层式 Client/Server 体系相比,其结构明显不同之处在于,Browser/Server 体系结构中将分布式网络系统分为 3 层,分别是前端用户、中端事务逻辑和后端数据存储。

采用 Browser/Server 体系结构,客户端不需要开发和安装特别的应用程序,所有的应用开发都集中在服务器端,从而使信息共享变得更为简单,也使得应用系统的灵活性及扩充性得到充分提高。由于可以充分利用服务器端操作系统、应用系统在安全性方面的功能,使得系统安全性的维护得到提高。为了提高系统处理的效率,可以充分利用分布式计算的资源,将不同的应用分布在不同的硬件环境中。

Browser/Server 结构的这些优势适合于水环境信息系统中水环境信息维护、水环境信息查询、水环境信息发布的业务特点,内容与技术可以实现完美的结合。

综合以上的分析,水环境信息系统的技术体系如图9-4 所示。

以上分析的技术内容可以为水环境信息管理提供一个前后关联、相对完整的体系结构。为了成功建立水环境信息系统,需要详细分析实际的业务需求,选取适应的技术结构,采用先进的 IT 技术,实现多种技术的良好融合。

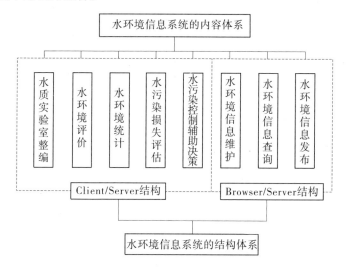

图9-4 水环境信息系统的技术体系

目前,信息技术在水环境管理、研究方面的广泛应用已经成为一种趋势,没有信息技术的支持,诸多工作都难以顺利进行。

附　录　水功能区纳污能力及综合衰减系数计算方法

1. 水功能区纳污能力计算方法

水功能区纳污能力是指满足水功能区水质目标要求的污染物最大允许负荷量。其计算方法主要有以下几种：

（1）一般河流水功能区纳污能力计算的一维模型：

一维对流推移方程为：

$$u \frac{\partial c}{\partial x} = -kc \tag{1}$$

解得：

$$c(x) = c_0 \exp(-kx/u) \tag{2}$$

式中：$c(x)$ 为控制断面污染物浓度，mg/L；c_0 为起始断面污染物浓度，mg/L；k 为污染物综合衰减系数，1/s，k 值一般以 1/d 表示，计算时应换算成 1/s；x 为排污口下游断面距控制断面纵向距离，m；u 为设计流量下岸边污染带的平均流速，m/s。

（2）感潮河段纳污能力计算的一维迁移方程：

基本方程为：

$$\frac{\partial c}{\partial t} + u_x \frac{\partial c}{\partial x} = \frac{\partial}{\partial x} \left(E_x \frac{\partial c}{\partial x} \right) - k_p c \tag{3}$$

将水力参数取潮汐半周期的平均值，变为稳定情况来求解，即认为排污口是定常量排放，且 $\frac{\partial c}{\partial t} = 0$，方程的解为：

涨潮时　　　$c(x) = \dfrac{c_0'}{M} \exp\left[\dfrac{u}{2E_x}(1 + M)x \right]$ （4）

落潮时　　　$c(x) = \dfrac{c_0'}{M} \exp\left[\dfrac{u}{2E_x}(1 - M)x \right]$ （5）

其中 $c'_0 = \dfrac{[m]}{Q_h + Q_r}$，当 $Q_h \ll Q_r$ 时：

$$c'_0 = \frac{[m]}{Q_r}, M = \sqrt{1 + 4k_p E_x / u^2} \qquad (6)$$

式中：E_x 为纵向离散系数，m^2/s。

此外，各地也可根据当地河流特性和污染特征，选用其他符合当地实际的水质数学模型。

（3）均匀混合的湖（库）纳污能力计算的均匀混合模型：

$$c(t) = \frac{m + m_0}{k_h V} + \left(c_0 - \frac{m + m_0}{k_h V}\right)\exp(-k_h t) \qquad (7)$$

$$k_h = \frac{Q}{V} + k \qquad (8)$$

平衡时：

$$c(t) = \frac{m + m_0}{k_h V} \qquad (9)$$

式中：$c(t)$ 为计算时段污染物浓度，mg/L；m 为污染物入湖（库）速率，g/s；$m_0 = c_0 Q$，为污染物湖（库）现有污染物排放速率；k_h 为中间变量，$1/s$；V 为湖（库）容积，m^3；Q 为入湖（库）流量，m^3/s；k 为污染物综合衰减系数，$1/s$；c_0 为湖（库）现状浓度；t 为计算时段，s。

（4）非均匀混合湖（库）纳污能力计算的非均匀混合模型：

$$\begin{aligned} c_r &= c_0 + c_p\exp\left(-\frac{k_p \phi H r^2}{2Q_p}\right) \\ &= c_0 + \frac{m}{Q_p}\exp\left(-\frac{k_p \phi H r^2}{2Q_p}\right) \end{aligned} \qquad (10)$$

式中：c_r 为距排污口 r 处的污染物浓度，mg/L；c_p 为污染物排放浓度，mg/L；Q_p 为污水排放流量，m^3/s；ϕ 为扩散角，由排放口附近地形决定，排污口在开阔的岸边垂直排放时，$\phi = \pi$，排污口在湖（库）中排放时，$\phi = 2\pi$；H 为扩散区湖（库）平均水深，m；r 为距排污口距离，m。

（5）具有富营养化趋势的湖（库）纳污能力计算模型可采用狄龙

模型

$$[P] = \frac{I_p(1 - R_p)}{rV} = \frac{L_p(1 - R_p)}{rh} \tag{11}$$

$$R_p = 1 - \frac{\sum q_a [P]_a}{\sum q_i [P]_i} \tag{12}$$

式中:$[P]$为湖(库)中氮、磷的平均浓度,mg/m^3;I_p为年入湖(库)的氮、磷量,mg/a;L_p为年入湖(库)的氮、磷单位面积负荷,$mg/(m^2 \cdot 年)$;V为湖(库)容积,m^3;h为平均水深,m;$r = Q/V(1/a)$;Q为湖(库)年出流水量,m^3/a;R_p为氮、磷在湖(库)中的滞留系数;q_a和q_i分别为年出流和入流的流量,m^3/a;$[P]_a$和$[P]_i$分别为年出流和入流的氮、磷平均浓度,mg/m^3。

湖(库)中氮、磷最大允许负荷量:

$$[m] = L_s A \tag{13}$$

$$L_s = \frac{[P]_s h Q}{(1 - R_p)v} \tag{14}$$

式中:$[m]$为氮、磷最大允许负荷量,mg/a;L_s为单位湖(库)水面积氮、磷最大允许负荷量,$mg/(m^2 \cdot a)$;A为湖(库)水面积,m^2;$[P]_s$为湖(库)中磷(氮)的年平均控制浓度,mg/m^3。

有富营养化趋势湖(库)的计算也可根据情况选择其他适用的数学模型。

2.综合衰减系数的计算方法

(1)分析借用。

对于以前在环境评价、环境保护规划、环境保护科研等工作中可供利用的有关资料经过分析检验后采用。

无资料时,可借用水力特性、污染状况及地理、气象条件相似的邻近河流的资料。

(2)实测法。

选取一个河道顺直、水流稳定、中间无支流汇入、无排污口的河段,分别在河段上游(A 点)和下游(B 点)布设采样点,监测污染物浓度值,并同时测验水文参数以确定断面平均流速。综合衰减系数按下式计算:

$$k = \frac{\bar{u}}{x}\ln\frac{c_A}{c_B} \tag{15}$$

式中:$\bar{u}$ 为断面平均流速;x 为上下断面之间距离;c_A 为上断面污染物浓度;c_B 为下断面污染物浓度。

对于湖泊、水库:选取一个排污口,在距排污口一定距离处分别布设 2 个采样点(近距离处为 A 点,远距离处为 B 点),监测污染物浓度值,并同时监测污水排放流量。布设采样点时应注意:采样点附近只能有一个排污口,且附近无河流汇入,近距离采样点不宜离排污口过近,以免所采水样不具备代表性;远距离采样点也不宜离排污口过远,以免超出排污口影响区。

综合衰减系数(k)用实测数据进行估值:

$$k = \frac{2Q_p}{\phi H(r_B^2 - r_A^2)}\ln\frac{c_A}{c_B} \tag{16}$$

式中:r_A、r_B 分别为远、近两测点距排放点的距离,m;其他符号意义同上。

用实测法测定综合衰减系数简单易行,但误差较大,建议监测多组数据取其平均值。

(3)经验公式法。

可以根据各种经验公式推求综合衰减系数。

此外,各地还可根据本地实际情况采用其他方法拟定综合衰减系数。

参 考 文 献

[1] 陈晓宏,江涛,陈俊合.水环境评价与规划[M].广州:中山大学出版社,
2001.

[2] 彭文启,张祥伟,等.现代水环境质量评价理论与方法[M].北京:化学工业出版社,2005.

[3] 盛连喜.现代环境科学导论[M].北京:化学工业出版社,2002.

[4] 夏军,等.可持续水资源管理 理论·方法·应用[M].北京:化学工业出版社,2005.

[5] 左其亭,等.城市水资源承载能力 理论·方法·应用[M].北京:化学工业出版社,2005.

[6] 朱鲁生,王军,等.环境科学概论[M].北京:中国农业出版社,2005.

[7] 史晓新,朱党生,张建永.现代水资源保护规划[M].北京:化学工业出版社,2005.

[8] 吴邦灿,齐文启.环境监测管理学[M].北京:中国环境科学出版社,
2004.

[9] 胡汉明,梁晓星.环境评价[M].北京:教育科学出版社,1999.

[10] 陆雍森.环境评价[M].上海:同济大学出版社,1999.

[11] 郑有飞.环境影响评价[M].上海:气象出版社,2008.

[12] 刘绮,潘伟斌.环境质量评价[M].广州:华南理工大学出版社,2004.

[13] 蔡艳荣,等.环境影响评价[M].北京:中国环境科学出版社,2004.

[14] 曾贤刚.环境影响经济评价[M].北京:化学工业出版社,2003.

[15] 田子贵,顾玲.环境影响评价[M].北京:化学工业出版社,2004.

[16] 徐新阳.环境评价教程[M].北京:化学工业出版社,2004.

[17] 高俊发.水环境工程学[M].北京:化学工业出版社,2003.

[18] 河北省环境学会.生态省建设与水资源保护[M].石家庄:河北科学技术出版社,2007.

[19] 陆书玉.环境影响评价[M].北京:高等教育出版社,2001.

[20] 张从.环境评价教程[M].北京:中国环境科学出版社,2002.

[21] 周敬宣.环境与可持续发展[M].武汉:华中科技大学出版社,2007.

［22］梁耀开．环境评价与管理［M］．北京:中国轻工业出版社，2002．

［23］陆渝蓉．地球水环境学［M］．南京:南京大学出版社，1999．

［24］郎佩珍，袁星，丁蕴铮．水环境化学［M］．北京:中国环境科学出版社，
2008．

［25］汪松年，上海市水利学会．人与自然和谐相处的水环境治理理论与实践
［M］．北京:中国水利水电出版社，2005．

［26］张丙印，倪广恒．城市水环境工程［M］．北京:清华大学出版社，2005．

［27］陈震，等．水环境科学［M］．北京:科学出版社，2005．

［28］彭泽洲，杨天行．水环境数学模型及其应用［M］．北京:化学工业出版
社，2006．

［29］汪家权，钱家忠．水环境系统模拟［M］．合肥:合肥工业大学出版社，
2005．

［30］许有鹏，等．城市水资源与水环境［M］．贵阳:贵州人民出版社，2003．

［31］刘满平．水资源利用与水环境保护工程［M］．北京:中国建材工业出版
社，2005．

［32］高俊发．水环境工程学［M］．北京:化学工业出版社，2003．

［33］汪斌．水环境保护与管理文集［M］．郑州:黄河水利出版社，2002．

［34］雒文生，宋星原．水环境分析及预测［M］．武汉:武汉大学出版社，2000．

［35］钱家忠，汪家权．中国北方型裂隙岩溶水模拟及水环境质量评价［M］．
合肥:合肥工业大学出版社，2003．

［36］张锡辉．水环境修复工程学原理与应用［M］．北京:化学工业出版社，
2002．

［37］陈震，等．水环境科学［M］．北京:科学出版社，2005．

［38］王开章．现代水资源分析与评价［M］．北京:化学工业出版社．2006．

［39］王蜀南，王鸣周．环境水力学［M］．北京:中国水利水电出版社，1996．

［40］孙东坡，缑元有．环境水利［M］．南京:河海大学出版社，1993．

［41］傅国伟．河流水质数学模型及其模拟计算［M］．北京:中国环境科学出版
社，1987．

［42］夏青，于洁，徐成．环境管理体系［M］．北京:中国环境科学出版社，2002．

［43］毛文永．生态环境影响评价概论［M］．北京:中国环境科学出版社，
2003．

［44］黄淑贞．环境预测和评价［M］．北京:原子能出版社，1986．

［45］胡振鹏,傅春,金腊华. 水资源环境工程［M］. 南昌:江西高校出版社,2003.

［46］杨志峰,崔保山,等. 生态环境需水量理论、方法与实践［M］. 北京:科学出版社,2003.

［47］夏青,等.水环境保护功能区划分［M］北京:海洋出版社,1989.

［48］陈新块. 环境管理与环境规划［M］.广州:中山大学出版社,1992.

［49］夏青,等. 水环境综合整治规划［M］北京:海洋出版社,1989.

［50］郭怀成,陆根法. 环境科学基础教程［M］.北京:中国环境科学出版社,2003.

［51］林肇信,刘天齐,刘逸农. 环境保护概论［M］.北京:高等教育出版社,1999.

［52］刘天齐. 环境保护［M］.北京:化学工业出版社,2000.

［53］桂和荣. 环境保护概论［M］.北京:煤炭工业出版社,2002.

［54］刘超臣,蒋辉. 环境学基础［M］.北京:化学工业出版社,2003.

［55］严法善. 环境经济学概论［M］.上海:复旦大学出版社,2003.

［56］刘则渊. 现代科学技术与发展导论［M］.大连:大连理工大学出版社,2003.

［57］叶常明. 水污染理论与控制［M］.北京:学术书刊出版社,1989.

［58］叶守泽,等. 水利水电工程环境评价［M］.北京:水利电力出版社,1993.

［59］李祚泳,丁晶,彭荔红. 环境质量评价原理与方法［M］.北京:化学工业出版社,2004.

［60］许士国. 环境水利学［M］.北京:中央广播电视大学出版社,2005.

［61］雒文生,李怀恩. 水环境保护［M］.北京:中国水利水电出版社,2009.